AF815619

IFLA

INTERNATIONAL FEDERATION OF LIBRARY ASSOCIATIONS AND INSTITUTIONS
Section on the Exchange of Publications

LETTERS FOR THE INTERNATIONAL EXCHANGE OF PUBLICATIONS
A guide to their composition in English, French, German, Russian, Spanish

---

FEDERATION INTERNATIONALE DES ASSOCIATIONS DE BIBLIOTHECAIRES ET DES BIBLIOTHEQUES
Section des Echanges de Publications

FORMULAIRE DE LETTRES POUR LES ECHANGES INTERNATIONAUX DE PUBLICATIONS
Un guide pour leur rédaction en anglais, français, allemand, russe, espagnol

---

INTERNATIONALER VERBAND DER BIBLIOTHEKARISCHEN VEREINE UND INSTITUTIONEN
Sektion Schriftentausch

BRIEFE FÜR DEN INTERNATIONALEN SCHRIFTENTAUSCH
Ein Leitfaden für ihre Abfassung
in Englisch, Französisch, Deutsch, Russisch, Spanisch

МЕЖДУНАРОДНАЯ ФЕДЕРАЦИЯ БИБЛИОТЕЧНЫХ АССОЦИАЦИЙ И УЧРЕЖДЕНИЙ
Секция по обмену изданиями

КОРРЕСПОНДЕНЦИЯ ПО МЕЖДУНАРОДНОМУ ОБМЕНУ ИЗДАНИЯМИ
Руководство по составлению писем на английском, французском, немецком, русском и испанском языках

FEDERACIÓN INTERNACIONAL DE ASOCIACIONES DE BIBLIOTECARIOS E INSTITUCIONES
Sección de Intercambio de Publicaciones

FORMULARIO DE CARTAS PARA EL INTERCAMBIO INTERNACIONAL DE PUBLICACIONES
Una guía para su redacción en inglés, francés, alemán, ruso y espanõl

IFLA Publications 13

Alex Allardyce

Letters for the International Exchange of Publications

A Guide to their Composition
in English, French, German, Russian and Spanish

Translated by Jaques Lethève, Maria Razumovsky,
Boris P. Kanyevsky and Adolfo Rodríguez.

Edited by Peter Genzel

Verlag Dokumentation Saur KG München 1978
K. G. Saur New York · London · Paris

IFLA Publications
edited by
Willem R. H. Koops and Peter Havard-Williams

Recommended catalog entry:

Allardyce, Alex
Letters for the international exchange of publications :
a guide to their composition in English, French, German,
Russian and Spanish / [by] Alex Allardyce ; translated
by Jacques Lethève, Maria Razumovsky, Boris P.
Kanyevsky and Alfonso Rodríguez. – München :
Verlag Dokumentation Saur ; New York [etc.] : Saur,
1978. – 148 p. ; ill. ; 21 cm. – (IFLA Publications ; 13)
ISBN 3-7940-4433-9
Title also in French, German, Russian and Spanish.
Published under the auspices of the IFLA Section on the
Exchange of Publications.

VERLAG DOKUMENTATION SAUR KG
Pössenbacherstr. 2, POB 711009
D-8000 München 71
Federal Republic of Germany
Tel. (089) 79 89 01
Telex 5212067 saur d

ISBN 3-7940-4433-9

CIP-Kurztitelaufnahme der Deutschen Bibliothek

Allardyce, Alex:
Letters for the international exchange of publications : a guide to their composition in
Engl., French, German, Russian and Span. / ed.
by Peter Genzel. – 1. ed. – München : Verlag
Dokumentation Saur; New York, London, Paris :
Saur, 1978.
(IFLA publications ; 13)
ISBN 3-7940-4433-9 (Verl. Dokumentation Saur)
ISBN 0-89664-113-9 (Saur, New York, London)
ISBN 2-86294-016-X (Saur, Paris)

K.G. SAUR PUBLISHING, INC.
175 Fifth Avenue
New York, NY 10010
U.S.A.
Tel. (212) 477-2500
Telex 0023/238386

ISBN 0-89664-113-9

Library of Congress Cataloguing in Publication Data

Allardyce, Alex, 1917-
Letters for the international exchange of
publications.
(IFLA publications ; 13)
1. Exchanges, Literary and scientific.
2. Letter-writing. 3. International correspondence. I. Genzel, Peter. II. Title. III. series: International Federation of Library
Associations and Institutions. IFLA publications ; 13
Z690.A44 025.2'6 78-13489
ISBN 0-89664-113-9

K. G. SAUR EDITEUR
38, rue de Bassano
F-75008 Paris / France
Tel. 72355-18
Telex Iso Bur 630144

ISBN 2-86294-016-X

ISSN 0344-6891 (IFLA publications)

© 1978 by International Federation of Library Associations and Institutions,
The Hague, The Netherlands
Printed and bound in the Federal Republic of Germany
by Friedrich Pustet, Regensburg

Basic text (in English) by
Texte anglais de base par
Englischer Grundtext von ALEX ALLARDYCE
Основной текст на английском языке
Texto de base en inglés por

Translations / Traducations / Übersetzungen / Переводы / Traducciones

French	français	Französisch	Французский	francés	Jacques Lethève
German	allemand	Deutsch	Немецкий	alemán	Maria Razumovsky
Russian	russe	Russisch	Русский	ruso	Boris P. Kanyevsky
Spanish	espagnol	Spanisch	Испанский	español	Adolfo Rodríguez

Edited by
Edité par
Herausgegeben von PETER GENZEL
Редактор
Editado por

CONTENTS – TABLE DES MATIÈRES – INHALTSVERZEICHNIS – СОДЕРЖАНИЕ – INDICE

This book is divided into five self-contained parts by language.

The first number is the book pagination to enable each part to be found. The second ist for the language part, identical (apart from the initial of the language) for each part to permit easy crossreference.

Cet ouvrage est divisé en cinq parties différenciées par la langue.

Le premier nombre représente la pagination du livre pour permettre de retrouver chaque partie. La seconde numérotation est identique à l'intérieur de chaque partie (repérée par l'initiale de la langue) afin de permettre facilement les renvois d'une partie à l'autre.

Dieses Buch besteht aus fünf selbständigen Sprachteilen.

Die erste Ziffer ist die durchgehende Seitenzählung und dient zum Auffinden eines jeden Teiles. Die zweite steht für den Sprachteil und ist (abgesehen vom Anfangsbuchstaben der Sprache) für jeden Teil gleich, um das Auffinden der Entsprechungen zu erleichtern.

Данная книга делится на пять самостоятельных частей по языкам.

Первая цифра означает пагинацию и предназначается для нахождения каждой части. Стоящая после нее латинская буква сокращенно обозначает язык, вторые цифры указывают количество страниц в каждой языковой части и предназначены для облегчения перекрестных ссылок.

Este libro esta dividido en cinco partes ordenades por lengua.

El primer número corresponde a la paginación que facilita encontrar cada parte. El segundo número a las partes identicas por lengua (además de la inicial de la lengua) lo que permite fácil confrontación.

Part 1

ENGLISH TEXT

FOREWORD

After the second world war and especially during the last two decades in many fields of science and technology international co-operation has received a fresh impetus. This is true also of library science in general and the exchange of publications in particular. It has received decisive impulses from the Convention concerning the international exchange of publications and the Convention concerning the exchange of official publications and government documents between states of Unesco (1958).

The need to communicate with foreign colleagues in languages they understand is now accepted. Special dictionaries are important here. An outstanding example is the Vocabularium Bibliothecarii. Often such dictionaries include many words, and occasionally some phrases, which are useful in dealing with the exchange of publications; not, however, sufficiently useful to meet the specialized and growing need.

Libraries are faced with a rising demand for older out-of-print and for new non-trade publications as well as for foreign books for which foreign currency may be scarce or unavailable. All these require greater efforts from the exchange librarian.

For this reason the scale of exchanges and of the correspondence involved is increasing. Libraries must set up separate exchange departments or extend existing ones. Many, especially in the developing countries, want to take up exchanges for the first time.

All this will probably require the introduction to the work of staff who have to learn from the beginning those terms used in exchange correspondence, since it is through correspondence that in most instances the arrangements are necessarily made. Conditioned by the subject-matter the correspondence pertaining to exchanges is comparatively stereotyped. There seems to be a good case, therefore, for a letter-writer to enable the exchange librarian to maintain the elementary routine correspondence without other assistance. However, library science in general and the exchange of publications in particular do not boast such a guide. What is needed is a booklet containing the phrases essential to the writing of exchange letters. IFLA seems to be the right organisation to supply this need and this Guide is meant to do it.

In fact it is to be seen in the context of the Handbook on the International Exchange of Publications, whose latest edition (Paris, Unesco, 1978) was also prepared by members of the former IFLA Commitee on the Exchange of Publications. Whereas the background and practical handling of exchanges are described in the Handbook, actual implementation of the exchanges by communication between partners will be more easily effected by the Guide which can, in this sense, be regarded as a supplement to the Handbook. The Guide can also be regarded as a modest contribution both to standardization in international librarianship and to improvement in the exchange of publications between the more developed and the hitherto less developed countries.

Like the Handbook, our short Guide is in five of the world languages. However, owing to the individual linguistic peculiarities of each of them, word-for-word translation is not always possible. In many cases adaptation would better describe the process.

It is to be hoped that Letters for the International Exchange of Publications will achieve its purpose. Of course the Section is conscious of the fact that this is a first attempt, a venture into virgin territory, as it were, and it will be grateful for any useful comment. Special thanks are due to Mr Alex Allardyce (The British Library Lending Division, Boston Spa) who compiled the basic text (in English), and to the translators, Mr Boris P Kanyevsky (Gosudarstvennaya biblioteka SSSR im. V. I. Lenina, Moscow), Mr Jacques Lethève (Bibliotèque Nationale, Paris), Mrs Maria Razumovsky (Österreichische Nationalbibliothek, Vienna), and Mr A. Rodríguez (Dirección General de Bibliotecas, Universidad Nacional Autonóma de México, Mexico). All of them sacrificed much of their spare time in this specialised but nevertheless direct contribution to international co-operation in the field of librarianship.

Peter Genzel

Deutsche Staatsbibliothek
Berlin, DDR

AUTHOR'S INTRODUCTION

The best guide would have had a letter for each occasion. In five languages, it would also have been large and expensive and unlikely to be published. The present work is therefore a compromise between this and the simple phrase-book.

It is an assembly kit, with five sets of pieces from which it is hoped most exchange communications can be composed. To keep the guide short, as far as possible each piece appears only once and is later referred to, rather than repeated in context.

The layout, which is important to the understanding of the guide, is as follows:

Only the suggested text is in roman type.

Headings in roman type which are not part of the text are underlined or spaced eg: <u>notice of supply</u>, r e d i r e c t i o n.

Italics denote examples or alternatives, which may be separated by /.

Instructions are in [ ].

Extra words or phrases you may need are in ( ).

Although a „do-it-yourself" manual will not produce instant letters, you should find no difficulty if you remember that this manual is not to be read, but used for step by step assembly. You should also have

1. A basic knowledge of the language.
2. A definite message in mind.
3. Patience to follow where the guide leads in search of the right framework and the right phrase.

Naturally with only this help you will not expect to reproduce the elegant tone of polite correspondence, or the telling warmth of personal letters – for these you would need a close familiarity with the chosen language (in which case you probably don't need this book) or you would use your own, hoping there will be a competent translator at the other end. You may have to do this anyway in complicated situations.

A meccano is not meant to contain all the pieces needed for sophisticated engineering. We hope the exchange „engineer“ will nevertheless be able to assemble with this kit clear, unambiguous and courteous letters to the purpose.

Section E is modified from forms first presented to the Section by Mr Jacques Lethève, to whom acknowledgement is due. Thanks are due also to Mrs Sandra Ellen who became involved in this project in the course of duty and who continued to help after transfer to other work. The author is grateful for much perceptive assistance from Section members and others who commented on the draft text.

Alex Allardyce

British Library Lending Division
Boston Spa, England

LIST OF TOPICS

A FRAMEWORK OF ANY LETTER

A1 LAYOUT

[Letterhead with address of sender]		
Our Reference	[File number of sender]	[Date]
Your Reference	[i. e. of addressee]	
[Addressee's name and address]		
[Greeting]		
	[Message]	
	[Close]	

A2 DATE

22 January 1970
February
March
April
May
June
July
August
September
October
November
December

A3 GREETING

	Formal	Informal
	Dear *Sir/Madam*	Dear *Mr/Mrs/Miss/Ms/Dr/ Professor* [Surname]
	[If in reply to a previous letter begin "Thank you for your letter of [date]"]	[If in reply to a previous letter begin "Thank you for your letter of [date]" or more familiarly "Many thanks for your letter of [date]"]

A4 CLOSE

	Formal	Informal
A4.1	Yours faithfully	Yours sincerely
A4.2		[More and more familiarly] *With best wishes, I am* *With kind regards, I am* *Best wishes* *Kindest regards* *Yours sincerely / Yours*
A4.3	[Name]	[Name]
A4.4	[Official position]	([Official position])
A4.5	(Enclosure)	

A5 ADDRESS ON ENVELOPE

A5.1	Name of addressee	*Exchange Librarian* *Institut of Balneology*
A5.2	No and Street / Road / Avenue etc	*16 Kings Square*
A5.3	Town/City	*Bath*
A5.4	County	*Avon*
A5.5	Postal Code	*Ba12HP*
A5.6	Country	*England*

B MESSAGES FOR DIFFERENT PURPOSES

B1 STARTING AN EXCHANGE, INITIAL REQUEST

B1.1 PROPOSAL

We should like to propose an exchange (*of books / (and) periodicals*) between our two organisations

B1.2 OFFERS

We are able to send on exchange (*for one year / until cancellation*)
[Use Section C]
(and enclose specimen copy)

B1.3 REQUIREMENTS

In return we should like to receive (*for one year / until cancellation*)
[Use Section C]
(but please first send specimen *copy / copies*)

B1.4 BASIS

We propose as the (*exact / approximate*) basis of exchange

page for page
volume for volume
title for title
priced exchange on the basis of
[Use rate of exchange eg x roubles = £ 1.00] *the exchange rate current at the date of despatch*

B1.5 BALANCE

B1.5.1 We could review the balance

twice a year
annually
every 2, 3 . . . years
from time to time

B1.5.2 Provided the literature received is acceptable, we suggest that for the time being no exact balance is required

B1.6 CARRIAGE COSTS

B1.6.1 Normally the cost of carriage would be borne by

the sender (as far as / destination / the customs office at the port of arrival)

the recipient (C.O.D.)

the sender with any overall imbalance to be adjusted by / a cash payment / publications in lieu at the review period

B1.6.2 We propose that cash payments be made by

credit transfer. Our bank is [details of bank] and our account number . . .

Unesco book coupons

International postal reply coupons [or other vouchers eg BLLD international coupons] at the rate of . . . coupons for each [unit of currency]

sterling / US dollars / [other currencies]

B1.7-B1.11 CLOSING PHRASES

B1.7 If the arrangements proposed are acceptable please indicate the publications you would like (and return the list to us with your reply)

B1.8 We may be able to send you other publications if you will give us details

B1.9 We hope these proposals will be of interest to you and very much look forward to your reply

B1.10 If on the other hand you are unable to enter into exchange with us, please inform us so that we may avoid troubling you in future

B1.11 Please address all *correspondence / requests / consignments* to . . .

B2 **RESPONSE TO INITIAL REQUEST**

B2.1 ACCEPTANCE

B2.1.1 We should be pleased to accept your proposal for an exchange of *books / (and) periodicals* between our two organisations (and look forward to receiving your *lists / cards*)

B2.1.2 From the items which you are able to send on exchange we should like *the following: . . . / the publications / shown on the enclosed lists / slips / marked (in red) in your list*

B2.1.3 As requested we *shall be pleased / have arranged* to send you in exchange . . .

B2.1.4 We agree to the basis of exchange and to the review period proposed by you

B2.1.5 We agree to your proposal for meeting the cost of carriage

B2.2 CONDITIONAL ACCEPTANCE, WITH VARIATIONS PROPOSED

B2.2.1 We are very much interested in your proposal for an exchange of *books / (and) periodicals* between our two organisations with which in general we agree. We would like, however, to offer alternative suggestions on some points

[Use B2.1.2 or]

B2.2.2 As an alternative to the items which you are offering would it be possible for you to send the following:
[Use Section C]

[Use B2.1.3 or]

B2.2.3 We regret that we are unable to send you the items requested by you for the following reasons:
[Use Section D]

We could send instead the following if they would be of interest:
[Use Section C]

[Use B2.1.4 or]
B2.2.4 Instead of the basis of exchange proposed by you we suggest the following:
[Use B1.4 and B1.5]

[Use B2.1.5 or]
B2.2.5 Regarding the cost of carriage we suggest the following:
[Use B1.6]

B2.3 REFUSAL

We regret that at present we cannot take up your offer of exchange of publications between our two organisations because

we already have satisfactory (exchange) arrangements for / we do not require / the material you offer (because of language difficulty)

we are unable to supply the material you require (owing to shortage of funds)

exchange is carried out for us by ...

we are unable to engage in exchanges

Thank you nevertheless for your kind offer

B3 **RESPONSE TO ACCEPTANCE**

We are very pleased that an exchange of publications has now been agreed between our two institutions

The items you have requested will be sent as soon as possible (so far as they are available) and we look forward to a pleasant and mutually beneficial exchange relationship

B4 **RESPONSE TO CONDITIONAL ACCEPTANCE**

B4.1 We are very pleased to know that you are interested in our exchange proposal

[Use B2.1.3 or]
B4.2 We regret however that we are unable to supply the material requested by you, and would *refer you to our original proposal / like instead to offer*
[Use Section C]

B4.3 *We should be pleased to receive the items now offered by you instead of those proposed by us*

We regret that we do not require the material offered by you and would / refer you to our original proposal / like to receive instead
[Use Section C]

[Use Section B2.1.4 or]
B4.4 We regret that we are unable to accept the basis of exchange proposed by you and would *refer you to our original proposal / like to suggest instead*
[an alternative from B1.4]

[Use B2.1.5 or]
B4.5 We regret that we are unable to accept your suggestion concerning refund of cost of carriage and would *refer you to our original proposal / like to suggest instead*
[an alternative from B1.6]

B5 MAINTENANCE OF AN EXCHANGE ARRANGEMENT ALREADY ESTABLISHED

B5.1 DESPATCHES

B5.1.1 Advice / Packing Note

Advice/Packing Note No.

[Letterhead of sender]

[Name and address of consignee]

Date:

Sent by: [method of transport]

No. of packages
Cost of carriage

Publications listed below, selected from
your / our letter of [date] / *List no.*

Title/Item No.	No. of pieces	Exchange account value
		[in *cash, pages etc*]*

* Total will be debited to your exchange account
PAYMENT NOT REQUIRED

(This consignment does not contain all the items you have requested

We regret the items omitted are not now available

We are writing separately about the other items requested

Please regard this as your invoice and refund cost of carriage as stated

Invoice for transport costs to follow

Please (do not) send a receipt)

[Further messages to be added as required
If acknowledgement is required an extra copy of this advice note marked "Receipt – Please RETURN" could be sent]

B5.1.2 Notice of supply

[More specific than B2.1.3 and a polite addition or an alternative to B5.1.1]

We are pleased to inform you that the exchange material shown *below / on the attached* has now been sent to you (your account being debited as shown)

B5.1.3 Items not available

We regret the following items requested in your letter of [date] are not available for the reasons given below:
[Use Section D]

B5.2 CLAIMS AND COMMENTS ON DESPATCHES

B5.2.1 Missing consignment

Regarding your exchange Advice Note No. . . . [date] we note that the consignment has not yet arrived. We look forward to receiving it in due course

B5.2.2 Missing items

Regarding your exchange Packing Note No. . . . [date] we note that the following items (listed on it) are missing. We look forward to receiving them in due course

B5.2.3 Material sent in error

Regarding your exchange consignment (Packing Note No. . . .) the following material was sent in error. Please let us know what you would like us to do with it

B5.2.4 Deficiency in regular supply

You have arranged to send [title etc] to us on exchange

We do not seem to have received the following (from [vol. no. date])

We have received an extra copy of the following . . .

We have received the following / in a damaged state / which is faulty

May we have this deficiency made good please

B5.2.5 Acknowledgement of receipt

[May be used if the despatch note does not exempt from a receipt, if a sum not previously agreed is to be credited and/or an expression of politeness or gratitude is intended]

Thank you for the exchange material you have sent. (We are most grateful for these publications which will be a welcome addition to our collections)

We have credited your exchange account with [amount]

B5.2.6 Reminder

We have not yet received a reply to our letter of [date] and look forward to hearing from you (as soon as possible)

B5.3 RESPONSE TO CLAIMS AND COMMENTS ON DESPATCHES

B5.3.1 Missing consignment

B5.3.1.1 We are asking the carrier about the missing consignment [No.] and shall write to you when we have a reply

B5.3.1.2 We understand from the carrier that the missing consignment [No.] is now being delivered to you

B5.3.1.3 We understand from the carrier that the missing consignment [No.] was delivered at [place] and you should now enquire of the *transport/shipping* company [name etc]

B5.3.1.4 We understand from the *carrier / Post Office* that no trace can now be found of missing consignment [No.] which must be presumed lost. We are crediting your account accordingly with [amount]

B5.3.2 Missing items

B5.3.2.1 We are sending the items missing from consignment [No.] by separate parcel (except for those listed below, which are no longer available). Please accept our apologies for this mistake. (Your account is being credited with [amount])

B5.3.2.2 The items missing from consignment [No.] are, we regret, no longer available. Your account is being credited with [amount]

B5.3.3 Errors

B5.3.3.1 Redirection

The items referred to in your letter of [date] should be forwarded as shown below (quoting in each case the reference given). The costs of carriage should be debited to *the recipient / us / our exchange account*

We are sorry for the trouble you are being caused by this mistake and are grateful to you for putting it right

B5.3.3.2 Confirmation

The items you query were in fact requested by you as follows:

B5.3.3.3 Exchange item returned as inter-library loan

We are sending back *herewith / separately*

[item]

which was returned by you as an inter-library loan but is in fact an exchange item for which you asked on [date]

B5.3.4 Deficiency in regular supply

We have (contacted the agent who has) arranged to send you replacements for the missing items

Please return the *defective / extra* copies to . . .

B5.4 SPECIFIC REQUESTS

[Use Section E]

B5.5 REPLIES TO SPECIFIC REQUESTS

[Use Section E or D]

B5.6 AMENDMENT OF AN EXISTING EXCHANGE ARRANGEMENT

We invite your attention to the following alteration which now appears to be necessary, to our arrangement for the exchange of . . .

B5.6.1 Offers

B5.6.1.1 We regret that we shall be unable to send you [Use Section C] after . . . for the following reason:

Title ceased publication

No longer available from us on exchange. You may be able to obtain it from . . .

B5.6.1.2 Can you please indicate an alternative [or use B5.6.4.1 and B5.6.4.4]

B5.6.2 Wants

B5.6.2.1 We should like to cancel our request for [Use Section C] after [*date vol. no*] / [*List no. item no.*]

[Use B5.6.4 or]

B5.6.2.2 Instead we should like to receive the following . . . (starting with . . .)
[A monograph previously ordered by using Section E could be cancelled by sending a copy marked "Please cancel"]

B5.6.3 Basis

B5.6.3.1 We are now finding inconvenient the present method of calculating the exchange balance and should like to suggest that from [date] the method used should be [Use B1.4]

B5.6.3.2 If you accept this suggestion we should also propose that the balance outstanding be converted to the new basis as follows:

[*No.*] *page(s)*			*[cost]*	
[*No.*] *volume(s)*	=		[*No.*]	*page(s)*
title			[*No.*]	*volume(s)*
[*cost*]			*title*	

B5.6.4 Balance

B5.6.4.1 In reviewing our balance we notice that *our/your* library has benefited most by [amount] and it would therefore appear that *we/you* should *increase/decrease* the volume of *our/your* exchange

B5.6.4.2 We should be glad to know what other titles *you would like (from our lists) / you could offer*

B5.6.4.3 We would ask you to send additionally on exchange [Use Section C]

B5.6.4.4 We should not therefore replace the above title

B5.6.4.5 In order to redress the balance *your/our* despatches should be curtailed by cancelling the following from the date shown:

B5.6.4.6 Please suggest alternative titles for cancellation if you wish

B5.6.4.7 You should select only [amount] of the titles you have now requested

B5.6.4.8 The cost of carriage should be borne by *you/us* for both receipts and despatches

B5.6.4.9 Notice of balance

According to our records, the exchange account between us for the period [date] to [date] is as follows:

From you	To you
[value]	[value]

Balance owing

The last transaction included in this notice is *packing note/invoice* [no. date value] [no. date value]

Please let us know if your records do not agreee and send a list of *packing note / invoice* numbers, dates and values for the column which does not agree

B5.6.4.10 Querying balance

The exchange balance notified differs from our records as the following list of our *despatches/receipts* shows:

B5.6.4.11 Agreeing balance

Thank you for your account of our exchange balance which we are happy to agree

B5.6.5 Carriage costs

Instead of the present arrangement we suggest that in future the cost of carriage should be borne by [Use Bl.6]

B5.6.6 Closing sentence

We look forward to hearing that you are able to act on these proposals

B5.7 CANCELLATION OF EXCHANGE ARRANGEMENT

Owing to a change of circumstances we no longer require the following on exchange [Use Section C] and we should be glad if you would cancel (after [vol. no.])

At the same time we shall discontinue [Use Section C]

We have very much appreciated your help and cooperation in this exchange agreement and if circumstances change we should like to write to you again

E 26

C TYPES OF EXCHANGE MATERIAL AND INFORMATION

[Where there are two words shown in this way $\frac{\text{this}}{\text{your}}$ the top word is to be used for offering and the bottom word for requesting]

1 [Specific monograph title]

2 [Specific periodical title] (starting with [vol. no. year] and in continuation)

3 Monographs
Series
Periodicals
Official Publications
Theses
Reports
Maps
Music

published/by $\frac{\text{this}}{\text{your}}$ Institution / (on [subject])

4 The publications of the following organisations:

5 Books [or an item in 3 above] published in $\frac{\text{this}}{\text{your}}$ country and still in print (on [subject])

6 Books [or an item in 3 above] published in $\frac{\text{this}}{\text{your}}$ country in [*1977*] (and notified in the national bibliography) (on [subject])

7 Periodicals currently published in $\frac{\text{this}}{\text{your}}$ country (on [subject])

8 Duplicates from $\frac{\text{our}}{\text{your}}$ collection (on [subject])

9 $\frac{\text{Offers}}{\text{Requests}}$ as on enclosed *list/cards/slips* (marked [symbol or colour])

10 Information about the publications you could offer

11 *Lists/bibliographies* of [a type above]

12 Prospectuses (and advance information) for [a type above]

D SHORT ANSWERS TO SPECIFIC REQUESTS

1 Enclosed

2 Sent in separate parcel (by registered post)

3 Not yet published: will be sent later (probably ...)

4 Not yet published: send another request later

5 Not yet published: date of publication is uncertain

6 Not yet published: you have been put on the waiting list (but the number of copies available may not be sufficient for all)

7 Not yet published: the publisher has not yet deposited exchange copies with us and will be reminded

8 Continuation of this work is uncertain. *Please reapply later / We will inform you later*

9 Can send *microfilm / microfiche / photocopy* (instead)

10 We have placed you on the mailing list for the publications requested

11 Your request has been forwarded to ... (*from whom you should receive it directly / Please tell us in due course if you would like us to take further action*)

12 For *official / internal* use only

13 Not available by exchange. (Can be ordered from ...)

14 Previously supplied; further copy required?

15 Not published *in our country / by our institution*

16 Out of print

17 Ceased after [vol. no. year]

18 Cannot identify; more bibliographic details please

19 The value of the items requested exceeds our present exchange resources. Please select items to the value of ...

E MULTIPART FORM FOR SINGLE REQUESTS

[Side 1]

A – Please return with your answer on back

EXCHANGE REQUEST Date
From:
To:
Author/editor, title, place, publisher, date, series, volume, parts
Remarks (bibliographies checked, etc) ISBN/ ISSN

[Side 2]

1 Enclosed

2 Sent in separate parcel (by registered post)

3 Not yet published: will be sent later (probably . . .)

4 Not yet published: send another request later

5 Can send *microfilm / microfiche / photocopy* (instead)

6 Not available by exchange. Can be ordered from . . .

7 Previously supplied; additional copy required?

8 Not published *in our country / by our institution*

9 Out of print

10 Ceased after [vol. no. year]

11 Cannot identify; more bibliographic details please

[The above list could be substituted by D if paper is large enough]

[Although any message above may be used in a letter, this double-sided form was designed to be used as a set of 3 with interleaved carbon paper, or on special "no-carbon-required" paper, marked:

1st form A [as shown above]

2nd form B – Please keep as your record
[ie recipient's file copy]

3rd form C – [Sender's] File copy

Copies A + B are sent together]

TEXTE FRANÇAIS

AVANT-PROPOS

Depuis la seconde guerre mondiale et spécialement au cours des vingt dernières années, la coopération internationale a reçu une impulsion nouvelle dans de nombreux domaines de la science et de la technique. Ceci est vrai également en bibliothéconomie et particulièrement pour les échanges de publications. La Convention concernant les échanges internationaux de publications et la Convention concernant les échanges entre états de publications officielles et documents gouvernementaux de l'Unesco (1958) leur ont donné un élan décisif.

La nécessité de correspondre avec des collègues étrangers dans des langues qu'ils comprennent est aujourd'hui clairement reconnue. A ce sujet des dictionnaires spécialisés jouent un rôle essentiel. Le Vocabularium Bibliothecarii en est un exemple frappant. Généralement de tels dictionnaires contiennent toute une série de mots et, à l'occasion, des expressions utiles dans la pratique des échanges; ils ne suffisent pourtant jamais à satisfaire des besoins de plus en plus spécialisés.

Les bibliothèques ont à faire face à une demande croissante de publications anciennes épuisées, de publications récentes non mises dans le commerce et aussi de livres étrangers pour lesquels on ne dispose pas des devises nécessaires ou de façon trop limitée. Tous ces besoins requièrent des efforts plus importants de la part des bibliothécaires chargés des échanges.

Pour cette raison le volume des échanges et de la correspondance indispensable va en croissant. Les bibliothèques doivent organiser de véritables départements d'échanges ou développer ceux qui existent. Beaucoup d'entre elles doivent pour la première fois en créer, spécialement dans les pays en voie de développement.

Toutes ces circonstances entraînent à coup sûr des conséquences dans le travail du personnel qui doit s'initier dès le début à la terminologie utilisée dans la correspondance des échanges, car, dans la majorité des cas, c'est nécessairement par la voie de la correspondance que les accords sont conclus. Conditionnée par son sujet propre, la correspondance concernant les échanges est une correspondance relativement stéréotypée. Il paraît donc utile d'établir un formulaire de lettres permettant aux bibliothécaires responsables de pratiquer, sans aide extérieure, la correspondance courante élémentaire. La bibliothéconomie en général, et les échanges de publications en particulier, n'ont pas encore jusqu'ici établi un guide de cette sorte. Ce que nous proposons c'est un livret contenant les formules essentielles pour rédiger des lettres d'échanges. L'IFLA paraît être la plate-forme idéale pour une telle réalisation et ce guide en apporte les moyens.

En fait, il faut le mettre en liaison avec le Manuel des Echanges Internationaux de Publications dont la dernière édition (Paris, Unesco, 1978) a été également préparée par les membres de l'ancienne Commission des échanges de publications de l'IFLA. Etant donné que le fondement et la pratique des échanges sont décrits dans le Manuel, la mise en place particulière d'échanges par correspondance entre partenaires sera facilitée par ce guide qui, à cet égard, peut être considéré comme un supplément du Manuel. Le guide peut ainsi être tenu pour une modeste contribution à la standardisation dans le domaine international des bibliothèques et une amélioration des échanges de publications entre les pays développés et les pays en voie de développement.

Comme le Manuel, notre guide est rédigé en cinq des langues de caractère mondial. En raison des particularités linguistiques, une traduction mot à mot d'une langue dans l'autre n'est pas toujours possible. Dans certains cas il faudrait mieux parler d'adaptation.

Il est à souhaiter que le Formulaire de lettres pour les échanges internationaux atteigne son but. Naturellement ceux qui y ont collaboré sont conscients qu'il s'agit ici d'un premier essai, pour ainsi dire d'une exploration en terrain vierge, et ils seront reconnaissants de toutes critiques utiles. Des remerciements particuliers sont dus à M. Alex Allardyce (The British Library Lending Division, Boston Spa) qui a composé le texte de base en anglais, ainsi qu'aux traducteurs: M. Boris P. Kanyevsky (Gosudarstvennaya biblioteka SSSR im. V. I. Lenina, Moscou), M. Jacques Lethève (Bibliothèque Nationale, Paris), Mme Maria Razumovsky (Österreichische Nationalbibliothek, Vienne) et M. A. Rodríguez (Dirección General de Bibliotecas, Universidad Nacional Autonóma de México, Mexico). Tous ont consacré beaucoup de leur temps libre à cette contribution spécialisée mais néanmoins positive pour la collaboration internationale dans le domaine des bibliothèques.

Peter Genzel

Deutsche Staatsbibliothek
Berlin, DDR

INTRODUCTION DE L'AUTEUR

Le meilleur guide serait celui qui donne un type de lettre pour chaque occasion. En cinq langues, ce guide serait volumineux, coûteux et difficile à publier. Le présent travail est donc un compromis entre cet idéal et un simple recueil de phrases.

Il s'agit d'une sorte de nécessaire avec cinq séries d'éléments permettant, en l'espèce, d'établir la majorité des relations d'échanges. Pour faire le guide court, chaque élément n'apparaît, autant que possible, qu'une seule fois; on renvoie ensuite à celui-ci plutôt que de le répéter.

La présentation, importante pour la compréhension du guide, est la suivante:

Seul le texte proposé est en caractère romain.

Les rubriques en romain qui ne font pas partie du texte sont soulignées ou en caractères espacés par exemple: avis d'envoi, r é e x p é d i t i o n .

L'italique indique des exemples ou des alternatives, qui peuvent être séparés par une barre oblique /.

Les crochets carrés [ ] indiquent des instructions.

Les parenthèses ( ) indiquent des mots ou phrases que vous pouvez employer, si vous en avez besoin.

Bien qu'un manuel du type «Faites-le vous-même» ne puisse fournir des lettres toutes prêtes, vous ne devriez trouver aucune difficulté si vous vous rappelez que ce manuel n'est pas fait pour être lu mais utilisé à la manière d'un montage pièce par pièce. Vous devez donc également disposer:

1. D'une connaissance minimale de la langue.
2. D'objectifs précis dans votre esprit.
3. De patience pour suivre le guide là où il vous conduit à la recherche du schéma convenable et de la phrase exacte.

Naturellement un tel guide n'aidera pas à reproduire le ton élégant d'une correspondance courtoise ni la cordialité de lettres personnelles – pour lesquelles où vous auriez besoin d'une familiarité étroite avec la langue choisie (et dans ce cas ce livre vous serait inutile) ou vous préféreriez utiliser votre propre langue, en espérant que se trouverait de l'autre côté un traducteur compétent. C'est la voie qu'on peut toujours suivre dans les cas compliqués.

Un meccano n'est pas destiné à contenir toutes les pièces nécessaires à un travail compliqué d'ingénieur. Nous espérons que le «technicien» des échanges pourra, avec cet ensemble, composer utilement des lettres à la fois claires, polies et sans ambigüité.

La section E est établie d'après les fiches présentées d'abord à la Section par M. Jacques Lethève à qui des remerciements sont dus. Nous devons remercier aussi Mme Sandra Ellen qui a été mêlée à ce projet dans le cadre de son travail et qui a continué à nous aider après avoir changé de service. L'auteur est reconnaissant pour l'assistance sensible que lui ont apporté les membres de la Section et tous ceux qui ont donné leurs commentaires à ce projet.

Alex Allardyce

British Library Lending Division
Boston Spa, England

TABLE DES MATIÈRES

A PRÉSENTATION GÉNÉRALE DE CHAQUE LETTRE

A1 CADRE

[En-tête avec adresse de l'expéditeur]

Notre référence [n° d'ordre de l'expéditeur] [Date]
Votre référence [n° d'ordre du destinataire]

[Nom et adresse du destinataire]

[Formule de politesse]

[Texte]

[Formule finale]

A2 DATE

22 janvier 1970
février
mars
avril
mai
juin
juillet
août
septembre
octobre
novembre
décembre

A3 FORMULE DE POLITESSE

	formel	moins formel
	Monsieur/Madame	*Mademoiselle / Madame / Monsieur / Monsieur le Docteur / Monsieur le Professeur / Monsieur le Directeur / Madame la Directrice* (en français ne pas faire suivre du nom de la personne)
	[S'il s'agit d'une réponse à une précédente lettre, commencer par: «Nous vous remercions pour votre lettre du [date]»]	[S'il s'agit d'une réponse à une précédente lettre, commencer par: «Nous vous remercions pour votre lettre du [date]» ou plus familièrement «Merci beaucoup de votre lettre du [date]»]

A4 FORMULE FINALE

	formel	moins formel
A4.1	Veuillez agréer, *Monsieur / Madame / . . .* l'expression de ma considération distinguée	
A4.2		[Plus familier] *Salutations empressées*
A4.3	[Nom du signataire]	[Nom du signataire]
A4.4	[Titres du signataire]	([Titres du signataire])
A4.5	(Pièces jointes)	

A5 ADRESSE SUR L'ENVELOPPE

A5.1	Nom du destinataire	*(Monsieur (Madame) le Directeur)* *Service des échanges* *Bibliothèque universitaire*
A5.2	n^{o} et rue / avenue / boulevard, etc.	*23, avenue Victor Hugo*
A5.3-5.5	Code postal et ville	*F 53100 BLANCOURT*
A5.6	Pays	*France*

B TEXTES POUR DIFFÉRENTS CAS

B1 DÉBUT D'UN ÉCHANGE, PROPOSITION INITIALE

B1.1 PROPOSITION

Nous serions heureux d'établir un échange de publications (*de livres / (et de) périodiques*) entre nos deux organismes

B1.2 OFFRES

Nous pouvons vous envoyer en échange (*pour une année / jusqu'à avis contraire*)
[Se reporter à Section C]
(et vous adressons spécimen joint)

B1.3 CONDITIONS REQUISES

En retour, nous voudrions recevoir (*pour une année / jusqu'à avis contraire*)
[Se reporter à section C]
(mais envoyez, s'il vous plaît, d'abord *un exemplaire / des exemplaires* spécimen(s)

B1.4 BASE DE L'ÉCHANGE

Nous proposons comme base (*précise / approximative*) de l'échange de compter:

page contre page
volume contre volume
titre contre titre
prix des publications sur la base de [par ex. x roubles = £ 1.00]
/ du cours de change à la date de l'envoi

B1.5 BALANCE

B1.5.1 Nous voudrions revoir la balance

deux fois par an
annuellement
tous les 2, 3 . . . ans
de temps en temps

B1.5.2 Pourvu que les publications reçues nous conviennent, nous suggérons de ne pas établir de balance précise

B1.6 FRAIS D'ENVOI

B1.6.1 Normalement les frais de transport seront supportés par

l'expéditeur (jusqu'/à destination / au bureau de douane du port d'arrivée)

le destinataire (contre remboursement)

l'expéditeur avec ajustement de la balance de paiements par / remboursement / publications en remplacement au moment de la révision de la balance

B1.6.2 Nous proposons que les remboursements soient faits par

transfert de crédit. Notre banque est [*adresse de la banque*] *et notre compte n*^{o} . . .

bons de l'Unesco

coupons réponses internationaux [*ou des autres bons, p. ex. coupons internationaux de la BLLD*] *sur la base de . . . coupons pour chaque* [*unité de monnaie*]

francs / sterling / US dollars / [*autres devises*]

B1.7-B1.11 PHRASES FINALES

B1.7 Si l'arrangement proposé vous convient, veuillez nous indiquer quelles publications vous désirez (et renvoyer la liste avec votre réponse)

B1.8 Il nous est possible de vous envoyer d'autres publications si vous voulez bien nous préciser lesquelles

B1.9 Nous espérons que ces propositions vous intéresseront et nous attendons bientôt votre réponse

B1.10 Si en revanche vous ne pouvez pas établir d'échange avec nous, veuillez nous en aviser afin que nous ne vous dérangions pas par la suite

B1.11 Adressez, s'il vous plaît, toute *correspondance/demandes / envois* à . . .

B2 RÉPONSE À UNE PROPOSITION INITIALE

B2.1 ACCEPTATION

B2.1.1 Nous acceptons avec plaisir votre proposition d'échange *de livres / (et) de périodiques* entre nos deux organismes (et nous espérons recevoir *vos listes / fiches de proposition*)

B2.1.2 Parmi les publications que vous pouvez nous envoyer en échange, nous désirons *les suivantes: . . . / les publications / décrites sur la liste jointe / les fiches ci-jointe(s) / marquées (en rouge) sur votre liste*

B2.1.3 Comme souhaité par vous, nous avons *le plaisir de / pris des dispositions pour* vous envoyer à titre d'échange . . .

B2.1.4 Nous sommes d'accord pour la base de ces échanges et pour examiner la balance dans les délais proposés par vous

B2.1.5 Nous sommes d'accord sur les conditions de paiement des frais de transport

B2.2 ACCEPTATION AVEC DIVERSES RÉSERVES

B2.2.1 Nous sommes vivement intéressés par votre proposition d'échange *de livres / (et) de périodiques* entre nos deux organismes, proposition qui nous convient dans l'ensemble. Nous voudrions pourtant vous faire d'autres suggestions sur quelques points

[Utiliser B2.1.2 ou bien]

B2.2.2 A la place des publications que vous nous offrez, vous serait-il possible de nous envoyer les suivantes:
[Utiliser Section C]

[Utiliser B2.1.3 ou bien]

B2.2.3 Nous regrettons de ne pouvoir vous envoyer les publications demandées par vous pour les raisons suivantes:
[Utiliser Section D]

Nous pourrions, à la place, vous faire les envois suivants, s'ils vous intéressent:
[Utiliser Section C]

[Utiliser B2.1.4 ou bien]
B2.2.4 A la place de la base d'échange proposée par vous, nous suggérons la suivante:
[Utiliser B1.4 et B1.5]

[Utiliser B2.1.5 ou bien]
B2.2.5 En ce qui concerne le coût du transport, voici ce que nous suggérons:
[Utiliser B1.6]

B2.3 REFUS

Nous regrettons de ne pouvoir actuellement accepter votre offre d'échange de publications entre nos deux organismes pour la raison suivante:

Nous avons déjà des accords (d'échange) satisfaisants pour/ nous ne désirons pas posséder / les publications offertes par vous (à cause des difficultés de langue)

Nous ne disposons pas des publications que vous demandez (par insuffisance de crédits)

L'échange en ce qui nous concerne est effectué par . . .

Il nous est impossible d'engager des échanges

Nous vous remercions néanmoins de votre aimable proposition

B3 **RÉPONSE À UNE ACCEPTATION**

Nous sommes très heureux qu'un échange de publications puisse être maintenant établi entre nos deux institutions

Les publications demandées par vous seront envoyées dès que possible (dès que nous en disposerons) et nous espérons désormais d'agréables et réciproques relations d'échange

B4 **RÉPONSE À UNE ACCEPTATION CONDITIONNELLE**

B4.1 Nous sommes très heureux de savoir que vous êtes intéressés par notre proposition d'échange

[Utiliser B2.1.3 ou bien]

B4.2 Nous regrettons pourtant de ne pouvoir vous fournir les publications demandées par vous, et nous *vous renvoyons à notre première proposition / voudrions vous proposer à la place*
[Utiliser Section C]

B4.3 *Nous serions heureux de recevoir les publications offertes maintenant par vous au lieu de celles que nous vous avons proposées*

Nous regrettons de ne pouvoir accepter les publications offertes par vous et nous / voudrions nous référer à votre première proposition / préférerions recevoir à la place
[Utiliser Section C]

[Utiliser Section B2.1.4 ou bien]

B4.4 Nous regrettons de ne pouvoir accepter l'échange sur la base proposée par vous et *nous vous renvoyons à notre première proposition / nous voudrions vous proposer à la place*
[une alternative dans B1.4]

[Utiliser B2.1.5 ou bien]

B4.5 Nous regrettons de ne pouvoir accepter votre suggestion concernant le paiement des frais de transport et voudrions *vous renvoyer à notre première proposition / suggérer à sa place*
[une alternative dans B1.6]

B5 PRATIQUE D'UN ACCORD D'ÉCHANGE ANTÉRIEUREMENT ÉTABLI

B5.1 EXPÉDITIONS

B5.1.1 Avis / Bordereau d'envoi

[En tête de l'expéditeur]

Avis/Bordereau d'envoi n°

[Nom et adresse du destinataire]

Date

Expédié par: [moyen de transport]

N° des colis
Coût du transport

Liste des publications, choisies d'après *votre / notre lettre du* [date] / *liste n°*

Titre n°	Nombre de volumes / fascicules	Valeur d'échange
		[*en prix, pages, etc*]*

* Le total sera débité sur votre compte d'échange
NE PAS ENVOYER DE PAIEMENT

(Cet envoi ne contient pas toutes les publications demandées par vous

Les publications non envoyées ne sont malheureusement pas disponibles

Nous vous écrivons séparément au sujet des autres publications demandées

Considérez, s'il vous plaît, ceci comme votre facture et remboursez le prix indiqué du transport

Une facture suivra pour le coût du transport

Envoyez (N'envoyez pas), s'il vous plaît, un accusé de réception)

[Autre mention à ajouter si nécessaire
Si un reçu est demandé, un double de ce bordereau marqué «Reçu à RETOURNER, s. v. p.» doit être envoyé]

B5.1.2 Notification d'expédition

[Plus particulière que B2.1.3 et un complément plus courtois ou une alternative à B5.1.1]

Nous avons le plaisir de vous informer que le matériel décrit *ci-après / ci-joint* vous a été envoyé (votre compte a été débité comme indiqué)

B5.1.3 Matériel non disponible

Nous regrettons que les publications suivantes demandées par votre lettre du [date] ne soient pas disponibles pour les raisons indiquées ci-après:
[Utiliser Section D]

B5.2 RÉCLAMATIONS ET COMMENTAIRES SUR LES ENVOIS

B5.2.1 Envoi manquant

Nous constatons que votre envoi annoncé par l'avis n° . . . du [date] n'est pas arrivé. Nous espérons le recevoir très prochainement

B5.2.2 Matériel manquant

Nous constatons que les publications suivantes (énumérées ici) figurant sur votre bordereau n° . . . du [date] sont manquantes. Nous espérons les recevoir très prochainement

B5.2.3 Erreurs d'expédition

Dans votre envoi (bordereau n° . . .) les publications suivantes nous ont été expédiées par erreur. Dîtes-nous, s'il vous plaît, ce que vous désirez que nous en fassions

B5.2.4 Lacunes ou erreurs dans un envoi régulier

Vous avez accepté de nous envoyer à titre d'échange [titre, etc]

Il nous apparaît que nous n'avons pas reçu ce titre / cette collection (depuis [Vol. n° date])

Nous avons reçu un double du suivant ...

Nous avons reçu / en mauvais état / un exemplaire défectueux ...

Pouvez-vous, s'il vous plaît, rectifier votre envoi

B5.2.5 Accusé de réception

[Peut être utilisé si l'avis d'envoi n'en dispense pas, si une somme non prévue doit être créditée et / ou si on veut exprimer politesse ou remerciement]

Merci pour les publications que vous nous avez envoyées. (Nous sommes très reconnaissants pour celles-ci; elles seront un apport précieux à nos collections)

Nous avons crédité votre compte d'échange de [somme]

B5.2.6 Rappel

Nous n'avons pas reçu de réponse à notre lettre du [date] et nous espérons de vos nouvelles (dés que possible)

B5.3 RÉPONSES À DES RÉCLAMATIONS ET COMMENTAIRES SUR LES ENVOIS

B5.3.1 Envoi manquant

B5.3.1.1 Nous nous informons auprès du transporteur au sujet de l'envoi manquant [n°] et nous vous écrirons quand nous aurons une réponse

B5.3.1.2 Nous apprenons par le transporteur que l'envoi manquant [n°] vous a maintenant été livré

B5.3.1.3 Nous apprenons par le transporteur que l'envoi manquant [n°] a été livré à [lieu] et vous devez maintenant réclamer auprès de la *compagnie / compagnie maritime* [nom, etc]

B5.3.1.4 Nous apprenons *du transporteur / de la poste* qu'aucune trace n'est retrouvée de l'envoi manquant [n°] que nous considérons comme perdu. Nous créditons votre compte de [somme]

B5.3.2 Matériel manquant

B5.3.2.1 Nous vous expédions les publications manquantes de l'envoi [n°] par courrier séparé (sauf celles, indiquées ci-dessous, qui ne sont plus disponibles). Veuillez accepter nos excuses pour cette erreur. (Votre compte est crédité de [somme])

B5.3.2.2 Les publications manquantes dans l'envoi [n°] ne sont malheureusement plus disponibles. Votre compte est crédité de [somme]

B5.3.3 Erreurs d'expédition

B5.3.3.1 Réexpédition

Les publications mentionnées dans votre lettre du [date] doivent être renvoyées comme indiqué ci-dessous (en précisant dans chaque cas les références): Le coût du transport doit être porté *au débit du destinataire / à notre débit / à notre compte d'échange*

Nous regrettons beaucoup les ennuis que vous cause cette erreur et sommes reconnaissants que vous vouliez bien la réparer

B5.3.3.2 Confirmation

Les publications que vous contestez, avaient en fait été demandées par vous dans les conditions suivantes:

B5.3.3.3 Publication renvoyée comme prêt inter-bibliothèque

Nous vous retournons *ci-joint / séparément*

[référence de la publication]

qui vous nous aviez renvoyée comme prêt inter-bibliothèque, mais qui est en fait un échange demandé par vous le [date]

B5.3.4 Lacunes ou erreurs dans un envoi régulier

Nous avons pris des dispositions chez notre agent pour vous envoyer un exemplaire de remplacement des publications manquantes

Veuillez retourner l'exemplaire *défectueux / double* à ...

B5.4 DEMANDES PARTICULIÈRES

[Utiliser Section E]

B5.5 RÉPONSES À DES DEMANDES PARTICULIÈRES

[Utiliser Sections E ou D]

B5.6 MODIFICATION À UN ACCORD D'ÉCHANGE EXISTANT

Nous attirons votre attention sur le changement suivant qui apparaît maintenant comme nécessaire dans notre accord d'échange . . .

B5.6.1 Offres

B5.6.1.1 Nous regrettons de ne plus pouvoir vous envoyer [Utiliser Section C] à partir de . . . pour la raison suivante:

titre ayant cessé de paraître

n'est plus disponible pour nous en échange. Vous pouvez l'obtenir en vous adressant à . . .

B5.6.1.2 Pouvez-vous, s'il vous plaît, nous indiquer, en remplacement, un titre que vous désirez [ou utiliser B5.6.4.1 et B5.6.4.4]

B5.6.2 Desiderata

B5.6.2.1 Nous voudrions renoncer à notre demande concernant [Utiliser Section C] à partir de [*date vol. n*^{o}] / [*liste n*^{o} *titre n*^{o}]

[Utiliser B5.6.4 ou bien]

B5.6.2.2 À la place nous souhaitons recevoir . . . (à partir de . . .) [Une demande de monographie préalablement formulée en utilisant la Section E peut-être supprimée en envoyant un double de cette demande avec la mention «Ne pas envoyer, s. v. p.»]

B5.6.3 <u>Base d'échange</u>

B5.6.3.1 Nous avons constaté des inconvénients à l'actuelle méthode employée pour calculer la balance des échanges et nous voudrions proposer qu'à partir du [date] la méthode utilisée soit [Utiliser B1.4]

B5.6.3.2 Si vous acceptez cette suggestion, nous proposons que la balance actuelle soit convertie d'après la nouvelle méthode de la façon suivante:

[*nombre de*] *page(s)*		[*prix*]
[*nombre de*] *volume(s)*	=	[*nombre de*] *page(s)*
titre		[*nombre de*] *volume(s)*
[*prix*]		*titre*

B5.6.4 <u>Balance</u>

B5.6.4.1 En examinant la balance de nos échanges, nous notons que *notre/ votre* bibliothèque est bénéficiaire de [somme] et il apparaît en conséquence que *nous devons / vous devez augmenter / diminuer* le volume de *nos / vos* envois

B5.6.4.2 Nous serions heureux de savoir quels autres titres *vous désirez (d'après nos listes) / vous pouvez nous offrir*

B5.6.4.3 Nous voudrions vous demander d'ajouter à vos envois à titre d'échange
[Utiliser Section C]

B5.6.4.4 Nous ne devons donc pas remplacer le titre mentionné ci-dessus

B5.6.4.5 En vue de rétablir la balance de nos échanges, *vos / nos* envois doivent être réduits en supprimant les publications suivantes à partir des dates indiquées:

B5.6.4.6 Si vous le désirez, indiquez nous les titres que vous préférez voir supprimés

B5.6.4.7 Voulez-vous retenir seulement [nombre] parmi les titres que vous venez de demander

B5.6.4.8 Le coût du transport devrait être payé par *vous / nous* à chaque réception ou envoi

B5.6.4.9 Balance

Conformément à nos relevés, la balance de nos échanges pour la période du [date] au [date] est la suivante:

Vos envois	Nos envois
[valeur]	[valeur]

Le dernier envoi inclus dans cette note concerne *le bordereau / l'avis d'envoi* [n° date valeur] [n° date valeur]

Dîtes-nous, s.v.p., si vos dossiers ne concordent pas et envoyez nous une liste des *bordereaux / avis d'envoi*, numéros, dates et valeurs pour la colonne qui n'est pas conforme

B5.6.4.10 Balance contestée

La balance des échanges dressée par vous diffère de nos relevés comme le montre la liste suivante *de nos envois / des publications reçues:*

B5.6.4.11 Balance acceptée

Merci pour votre relevé de notre balance d'échange avec laquelle nous sommes d'accord

B5.6.5 Coût des transports

À la place de notre accord actuel, nous suggérons que dans le futur le coût des transports soit payé par
[Utiliser B1.6]

B5.6.6 Phrase de conclusion

Nous sommes impatients d'apprendre s'il vous est possible d'accepter ces propositions

B5.7 CESSATION D'UN ACCORD D'ÉCHANGE

En raison de nouvelles circonstances, nous ne souhaitons plus recevoir en échange les publications suivantes [utiliser Section C] et nous serions heureux que vous cessiez de nous les envoyer (à partir du [vol. n°])

En même temps, nous arrêterons l'envoi de [utiliser Section C]

Nous avons beaucoup apprécié votre aide et votre coopération en matière d'échange et si les circonstances changent, nous serons heureux de vous écrire de nouveau

C CATÉGORIES DE MATÉRIEL D'ÉCHANGE ET INFORMATIONS

[Chaque fois que les deux mots $\frac{\text{notre}}{\text{votre}}$ apparaissent de cette manière, le numérateur doit être utilisé pour l'offre et le dénominateur pour la demande]

1 [Titre d'une monographie]

2 [Titre d'un périodique] (depuis [Vol. n° année] et la suite)

3 Monographies
Suites
Périodiques
Publications officielles
Thèses
Rapports
Cartes
Musique
publiés / par $\frac{\text{notre}}{\text{votre}}$ Institution / (concernant [sujets])

4 Les publications des organismes suivants:

5 Des livres [ou autre matériel, voyez 3 ci-dessus] publiés dans $\frac{\text{notre}}{\text{votre}}$ pays et non épuisés (concernant [sujet])

6 Des livres [ou autre matériel, voyez 3 ci-dessus] publiés dans $\frac{\text{notre}}{\text{votre}}$ pays en [*1977*] (et figurant dans la bibliographie nationale) (concernant [sujet])

7 Des périodiques en cours publiés dans $\frac{\text{notre}}{\text{votre}}$ pays (concernant [sujet])

8 Doubles de $\frac{\text{notre}}{\text{votre}}$ collection (concernant [sujet])

9 Publications $\frac{\text{offertes}}{\text{demandées}}$ et figurant sur les *listes / fiches* (marquées [symbole ou couleur])

10 Information sur les publications que vous pourriez offrir

11 *Listes / bibliographies* [des sujets ci-dessus]

12 Prospectus (et annonces de publications) concernant [une catégorie des sujets ci-dessus]

D RÉPONSES RAPIDES À DES DEMANDES PRÉCISES

1 Envoyé ci-joint

2 Envoyé séparément (recommandé, par poste)

3 Pas encore paru: sera envoyé après publication (délai probable . . .)

4 Pas encore paru: à redemander ultérieurement

5 Pas encore paru: date de publication incertaine

6 Pas encore paru: vous avez été placé sur liste d'attents (mais probablement le nombre d'exemplaires disponibles ne sera pas suffisant pour toutes les demandes)

7 Pas encore paru: l'éditeur ne nous a pas encore transmis les exemplaires d'échange et il sera relancé

8 La suite de cette publication n'est pas assurée. *Redemander ultérieurement / Nous vous informerons ultérieurement*

9 Peut être envoyé en *microfilm / microfiche / photocopie* (en remplacement)

10 Vous êtes sur notre liste d'expédition pour les publications demandées

11 Votre demande a été transmise à . . . (*de qui vous la recevrez directement / Prévenez-nous en temps opportun si vous désirez que nous agissions ultérieurement*)

12 Publication réservée à la diffusion *officielle / interne*

13 Pas disponible en échange (Peut être commandé à . . .)

14 Déjà envoyé; autre exemplaire souhaité?

15 Pas publié *dans notre pays / par notre institution*

16 Epuisé

17 Publication arrêtée après [Vol. n^{o} année]

18 Ne peut être identifié; envoyer précisions bibliographiques

19 La valeur des publications demandées dépasse nos possibilités actuelles d'échange. Choisissez, s.v.p., des publications jusqu'à une valeur de . . .

E FORMULE MULTIPLE POUR DEMANDE D'ÉCHANGE

[Face 1]

A – Renvoyez, s.v.p., avec votre réponse au verso
PUBLICATION DEMANDÉE EN ÉCHANGE — Date
Demandé par:
À:
Auteur / éditeur, titre, lieu d'édition, date, collection, volume, partie
Remarques (références bibliographiques, etc.) — ISBN/ ISSN

[Face 2]

1 Envoyé ci-joint
2 Envoyé par colis séparé (recommandé par poste)
3 Pas encore paru: sera envoyé ultérieurement (délai probable ...)
4 Pas encore paru: à redemander ultérieurement
5 Peut être envoyé en *microfilm / microfiche / photocopie*
6 Pas disponible en échange. Peut être commandé à ...
7 Déjà envoyé; autre exemplaire souhaité?
8 Pas publié *dans notre pays / par notre institution*
9 Epuisé
10 Publication arrêtée depuis [Vol. n° année]
11 Ne peut être identifié; envoyer précisions bibliographiques

[La présente liste peut être remplacée par D si la feuille est assez grande]

[Quoique chaque formule ci-dessus puisse être employée dans une lettre, cette formule à double face a été établie pour pouvoir être utilisée comme un jeu de 3 feuillets avec papier carbone intercalé, ou sur papier autocopiant, marqués:

1er feuillet A [comme montré ci-dessus]

2e feuillet B. Utilisez pour vos dossiers
[c'est à dire fiche du destinataire]

3e feuillet C. Fiche [de l'expéditeur]

Les fiches A + B sont envoyées ensemble]

Teil 3

DEUTSCHER TEXT

VORWORT

Nach dem zweiten Weltkrieg, besonders in den letzten beiden Jahrzehnten, hat die internationale Zusammenarbeit in vielen Bereichen von Wissenschaft und Technik einen neuen Aufschwung erlebt. Das gilt auch für die Bibliothekswissenschaft im allgemeinen und den Schriftentausch im besonderen. Er erhielt durch die Konvention über den internationalen Schriftentausch und die Konvention über den zwischenstaatlichen Austausch von amtlichen Druckschriften und Regierungsdokumenten der Unesco (1958) wesentliche Impulse.

Die Notwendigkeit, mit ausländischen Kollegen in deren Sprachen Verbindung aufzunehmen, ist heute klar erkannt. Dabei spielen Spezialwörterbücher eine wichtige Rolle. Ein herausragendes Beispiel ist das Vocabularium Bibliothecarii. Oft enthalten solche Wörterbücher eine ganze Reihe Wörter, und gelegentlich auch einige Redewendungen, die für die Durchführung des Tausches nützlich sind; sie reichen jedoch nicht aus, um den speziellen und wachsenden Bedürfnissen zu entsprechen.

Bibliotheken werden mit einer steigenden Nachfrage nach älteren vergriffenen und neuen, außerhalb des Buchhandels erscheinenden Publikationen wie auch nach ausländischen Büchern konfrontiert, für deren Beschaffung fremde Währung möglicherweise nicht ausreichend oder gar nicht zur Verfügung steht. All dies erfordert größere Anstrengungen von seiten des Tauschbibliothekars.

Aus diesem Grund ist der Umfang des Tausches und der damit verbundenen Korrespondenz im Ansteigen begriffen. Bibliotheken müssen Tauschstellen einrichten oder vorhandene ausbauen. Viele möchten erstmalig einen Schriftentausch aufnehmen, besonders in den Entwicklungsländern.

All dies erfordert sicherlich eine Einbeziehung in die Tätigkeitsmerkmale des Tauschpersonals, das sich von Beginn an die bei der Tauschkorrespondenz verwendete Terminologie aneignen muß, denn in den meisten Fällen müssen die Vereinbarungen notwendigerweise auf dem Wege der Korrespondenz getroffen werden. Bedingt durch ihren Gegenstand hat die Tausch-Korrespondenz einen verhältnismäßig stereotypen Charakter. Es wird deshalb für nützlich gehalten, einen Briefsteller zu erarbeiten, um den Tauschbibliothekar zu befähigen, den elementaren, routinemäßigen Schriftwechsel ohne fremde Hilfe zu führen. Die Bibliothekswissenschaft im allgemeinen und der Schriftentausch im besonderen haben jedoch einen solchen Leitfaden nicht aufzuweisen. Was wir brauchen, ist ein kleines Buch, das die für die Abfassung von Tauschbriefen erforderlichen Redewendungen enthält. Für dieses Vorhaben scheint IFLA die geeignete Plattform zu sein, und unser Leitfaden soll dem Bedürfnis abhelfen.

Faktisch muß er in Verbindung mit dem Handbuch des internationalen Schriftentausches gesehen werden, dessen letzte Ausgabe (Paris, Unesco, 1978) ebenfalls von Mitgliedern der ehemaligen IFLA-Kommission für den Schriftentausch erarbeitet wurde. Während die grundsätzlichen Probleme und die praktische Handhabung des Tausches in dem Handbuch beschrieben werden, wird die eigentliche Durchführung des Tausches durch die Verbindung der Partner vermittels des Leitfadens leichter bewerkstelligt, der, so gesehen, als eine Ergänzung zu dem Handbuch gelten kann. Der Briefsteller versteht sich gleichzeitig als ein bescheidener Beitrag zur Standardisierung im internationalen Bibliothekswesen sowie zur Verbesserung des Schriftentausches zwischen den entwickelteren und den bis jetzt weniger entwickelten Ländern.

Wie das Handbuch, so ist unser kurzer Leitfaden in fünf der Weltsprachen abgefaßt. Wegen der individuellen sprachlichen Besonderheiten einer jeden von ihnen ist jedoch eine wörtliche Übersetzung nicht immer möglich. In zahlreichen Fällen sollten wir besser von Adaptionen sprechen.

Es steht zu hoffen, daß die Briefe für den internationalen Schriftentausch ihren Zweck erfüllen. Natürlich ist sich die Sektion darüber im klaren, daß es sich hier um einen ersten Versuch handelt, um einen Vorstoß ins Neuland sozusagen, und sie ist für jede nützliche Meinungsäußerung dankbar. Besonderer Dank gebührt Herrn Alex Allardyce (The British Library Lending Division, Boston Spa), der den englichen Grundtext zusammengetragen hat, und den Übersetzern, Herrn Boris P. Kanyevsky (Gosudarstvennaya Biblioteka SSSR im. V. I. Lenina, Moskau), Herrn Jacques Lethève (Bibliothèque Nationale, Paris), Frau Maria Razumovsky (Österreichische Nationalbibliothek, Wien) und Herrn A. Rodríguez (Dirección General de Bibliotecas, Universidad Nacional Autonóma de México, Mexico). Alle haben viel Freizeit geopfert im Interesse dieses speziellen, aber nichtsdestoweniger unmittelbaren Beitrages zur internationalen Zusammenarbeit im Bereich des Bibliothekswesens.

Peter Genzel

Deutsche Staatsbibliothek
Berlin, DDR

EINLEITUNG DES VERFASSERS

Der beste Leitfaden müßte einen Brief für jeden speziellen Fall enthalten. In fünf Sprachen würde er jedoch umfangreich und teuer sein und hätte wenig Aussicht, einen Verleger zu finden. Die vorliegende Arbeit ist daher ein Kompromiß zwischen diesem Idealfall und einer einfachen Sammlung von Redewendungen.

Er ist nach dem Baukastenprinzip aufgebaut und besteht aus fünf verschiedenen Teilen, mit deren Hilfe, wie wir hoffen, die meisten für den Tausch wichtigen Mitteilungen zusammengesetzt werden können. Um den Leitfaden so kurz wie möglich zu halten, haben wir uns bemüht, jeden Satz nur einmal im Wortlaut zu bringen; später wird nur auf ihn verwiesen, ohne ihn im Zusammenhang noch einmal anzuführen.

Der Aufbau, wichtig für das Verständnis des Leitfadens, gliedert sich wie folgt:

Nur der vorgeschlagene Text ist in lateinischen Lettern gedruckt.

Überschriften in lateinischen Lettern, die nicht zum Text gehören, sind unterstrichen bzw. gesperrt gedruckt; z. B.: Mahnung, B e s t ä t i g u n g.

Im *Kursivdruck* werden Beispiele oder Alternativen angeführt, die durch / getrennt sein können.

Instruktionen stehen in [ ].

Zusätzliche Wörter oder Redewendungen, die benötigt werden könnten, stehen in ( ).

Obwohl ein „Do-it-yourself"-Handbuch keine fertigen Briefe produziert, wird seine Benutzung nicht schwierig sein, wenn man sich daran erinnert, daß dieses Handbuch nicht zum Lesen bestimmt ist, sondern dazu, die einzelnen Teile Stück für Stück aneinanderzureihen. Was man außerdem haben müßte, wäre

1. Ein Grundwissen in der betreffenden Sprache.
2. Eine bestimmte Botschaft, die Sie übermitteln wollen.
3. Die Geduld, dorthin zu folgen, wohin Sie der Leitfaden auf der Suche nach dem richtigen Rahmen und dem richtigen Satz führt.

Natürlich kann man, wenn man sich nur auf diesen Leitfaden verläßt, weder den eleganten Ton einer höflichen Korrespondenz noch die ausdrucksvolle Wärme eines persönlichen Briefes erreichen – dafür bedarf es einer engen Vertrautheit mit der gewählten Sprache (in diesem Fall jedoch wahrscheinlich nicht dieses Buches), oder man würde sich in seiner eigenen Sprache ausdrücken und hoffen, daß auf der anderen Seite ein kompetenter Übersetzer vorhanden ist. In schwierigen Fällen wird man vielleicht ohnedies auf diese Methode zurückgreifen müssen.

Ein Stabil-Baukasten hat nicht die Aufgabe, alle Elemente einer hochentwickelten Ingenieurkunst zu enthalten. Wir hoffen, daß der Tausch-„Ingenieur" trotzdem imstande sein wird, mit diesem Instrumentarium klare, eindeutige und höfliche Briefe für den von ihm gewünschten Zweck zusammenzusetzen.

Abschnitt E ist eine modifizierte Form der von Jacques Lethève der Sektion vorgelegten Formulare, wofür ihm der Dank ausgesprochen werden soll. Dank gebührt auch Sandra Ellen, die im Verlauf ihrer dienstlichen Obliegenheiten mit der Arbeit an diesem Projekt begann und sie auch fortsetzte, als sie an eine andere Stelle versetzt wurde. Der Autor dankt auch den Sektions-Mitgliedern und anderen, die durch ihre kritischen Hinweise zum Textentwurf beitrugen, für ihre aktive Unterstützung. Am Gelingen der deutschen Übersetzung hat Elisabeth Kolb großen Anteil.

Alex Allardyce

British Library Lending Division
Boston Spa, England

VERZEICHNIS DER THEMEN

A DIE ÄUSSERE FORM EINES BRIEFES

A1 ANLAGE

[Briefkopf mit Adresse des Absenders]

Unser Zeichen [Aktenzeichen des Absenders] [Datum]
Ihr Zeichen [Aktenzeichen des Adressaten]

Betrifft: [Schlagwortartige Inhaltsangabe des Briefes]

[Name und Adresse des Adressaten]

[Anrede]

[Text]

[Schluß]

A2 DATUM

22. Januar 1970
Februar
März
April
Mai
Juni
Juli
August
September
Oktober
November
Dezember

A3 ANREDE

Förmlich	Weniger förmlich
Sehr geehrte *(Damen und) Herren*	Lieber *(Herr) Kollege* Liebe *(Frau) Kollegin*
Sehr geehrte(r/s) *Herr, Frau, Fräulein* [Familienname]	
Sehr geehrter Herr *Dr./Professor* [Familienname]	
Sehr geehrter Herr *Doktor / Professor* [ohne Angabe des Familiennamens, in Bayern und Österreich gebräuchlich]	
[Bei Beantwortung eines vorausgegangenen Briefes beginnt man mit „Vielen Dank für Ihren Brief vom [Datum]"]	[Bei Beantwortung eines vorausgegangenen Briefes beginnt man mit „Vielen Dank für Ihren Brief vom [Datum]"]

A4 SCHLUSS

	Förmlich	Weniger förmlich
A4.1	Mit dem Ausdruck vorzüglicher Hochachtung Mit vorzüglicher Hochachtung	
A4.2		*Mit besten Grüßen* *Mit herzlichen Grüßen* Ihr (sehr ergebener)
A4.3	[Name]	[Name]
A4.4	[Dienststellung]	([Dienststellung])
A4.5	(Anlage)	

A5 **ADRESSE AUF DEM BRIEFUMSCHLAG**

A5.1	Name des Adressaten	*An den Leiter der Tausch-abteilung Universitätsbibliothek*
A5.2	Straße/Gasse/Platz usw. u. Nr.	*Universitätsplatz 3*
A5.3-5.5	Postleitzahl und Stadt	*A-5010 Salzburg*
A5.6	Land	*Österreich*

B MITTEILUNGEN FÜR VERSCHIEDENE SACHVERHALTE

B1 ANBAHNUNG EINES TAUSCHES, ERSTE ANFRAGE

B1.1 VORSCHLAG

Wir möchten gern einen Tausch von *Büchern / (und) Zeitschriften* zwischen unseren beiden Einrichtungen vorschlagen

B1.2 ANGEBOTE

Wir können Ihnen (*für ein Jahr / laufend bis auf Widerruf*) im Tausch übersenden
[Zu verwenden: Abschnitt C]
(und legen ein Probeheft bei)

B1.3 ERWÜNSCHTES MATERIAL

Als Gegengabe hätten wir gern (*für ein Jahr / laufend bis auf Widerruf)*
[Zu verwenden: Abschnitt C]
(Bitte senden Sie uns jedoch zuerst (ein) *Probeexemplar(e)*)

B1.4 TAUSCHBASIS

Wir schlagen eine (*genaue / ungefähre*) Verrechnungsbasis vor, und zwar

Seite gegen Seite
Band gegen Band
Titel gegen Titel
Geldtausch mit folgendem Verrechnungsschlüssel
[z. B. x Rubel = £ 1.00] / *Geldtausch mit Umrechnung nach dem Tageskurs*

B1.5 KONTOSTAND/VERRECHNUNG

B1.5.1 Wir könnten den Kontostand

zweimal im Jahr
jährlich
alle 2, 3, . . . Jahre
von Zeit zu Zeit überprüfen

B1.5.2 Unter der Voraussetzung, daß die eingehende Literatur brauchbar ist, schlagen wir vor, auf eine genaue Abrechnung bis auf weiteres zu verzichten

B1.6 TRANSPORTKOSTEN

B1.6.1 Normalerweise werden die Transportkosten getragen vom

Absender (bis / zum Bestimmungsort / zur Zollabfertigung des Bestimmungshafens)

Empfänger (per Nachnahme)

Absender, wobei überstehende Globalbeträge durch / Geldüberweisungen / zusätzliche Büchersendungen im Verrechnungszeitraum / ausgeglichen werden können

B1.6.2 Wir schlagen Barzahlung vor mittels

Geldüberweisung. Unsere Bank ist [genaue Angaben] und unsere Kontonummer ...

Unesco-Buchcoupons

Internationaler Antwortscheine [oder anderer Gutscheine, z. B. internationaler BLLD-Coupons] zum Kurs von ... [Anzahl] Scheinen pro [Währung]

Mark/Pfund/US-Dollars [andere Währungen]

B1.7-B1.11 SCHLUSSÄTZE

B1.7 Wenn Ihnen die vorgeschlagenen Vereinbarungen zusagen, bitten wir Sie, die gewünschten Publikationen anzugeben (und uns diese Liste zusammen mit Ihrer Antwort zurückzusenden)

B1.8 Wir könnten Ihnen auch andere Veröffentlichungen übersenden. Bitte teilen Sie uns Ihre Wünsche mit

B1.9 Wir hoffen, daß Sie mit unseren Vorschlägen einverstanden sind und erwarten Ihre Antwort mit großem Interesse

B1.10 Wenn Sie jedoch nicht in der Lage sind, mit uns in Tauschbeziehung zu treten, bitten wir um eine diesbezügliche Mitteilung, damit wir Sie in Zukunft nicht mehr bemühen müssen

B1.11 Bitte richten Sie alle *Briefe / Anfragen / Sendungen* an nachstehende Adresse ...

B2 **ANTWORT AUF ERSTE ANFRAGE**

B2.1 ANNAHME

B2.1.1 Wir nehmen Ihr Angebot eines Tausches von *Büchern / (und) Zeitschriften* zwischen unseren beiden Einrichtungen gern an (und erwarten Ihre *Angebotslisten / Zettel*)

B2.1.2 Aus Ihren Angeboten würden wir im Tausch gern erhalten: . . . / *die auf beigefügtem(n) Verzeichnis/Zetteln angeführten Veröffentlichungen / die auf Ihrer Liste (in Rot) gekennzeichneten Veröffentlichungen*

B2.1.3 Ihrem Wunsche gemäß, *werden wir Ihnen gern die folgenden Veröffentlichungen schicken: . . . / werden wir für die Zusendung der folgenden Werke Sorge tragen:*

B2.1.4 Wir sind mit der von Ihnen vorgeschlagenen Verrechnungsbasis einverstanden, ebenso mit dem Zeitraum, nach dem der Kontostand überprüft werden soll

B2.1.5 Wir sind mit Ihrem Vorschlag der Verrechnung der Transportkosten einverstanden

B2.2 BEDINGTE ANNAHME, ÄNDERUNGSVORSCHLÄGE

B2.2.1 Wir sind an Ihrem Vorschlag eines Tausches von *Büchern / (und) Zeitschriften* zwischen unseren beiden Einrichtungen sehr interessiert und stimmen ihm im allgemeinen zu. Allerdings haben wir einige Änderungswünsche

[Zu verwenden: Abschnitt B2.1.2 oder]

B2.2.2 Könnten Sie uns anstelle der angebotenen Titel die folgenden zusenden:
[Zu verwenden: Abschnitt C]

[Zu verwenden: B2.1.3 oder]

B2.2.3 Wir bedauern, daß wir aus folgenden Gründen nicht in der Lage sind, Ihnen die gewünschten Veröffentlichungen zu schicken:
[Zu verwenden: Abschnitt D]

Falls dafür Interesse besteht, könnten wir Ihnen als Ersatz senden:
[Zu verwenden: Abschnitt C]

[Zu verwenden: B2.1.4 oder]
B2.2.4 Statt der von Ihnen vorgeschlagenen Verrechnungsbasis schlagen wir vor:
[Zu verwenden: B1.4 und B1.5]

[Zu verwenden: B2.1.5 oder]
B2.2.5 Bezüglich der Transportkosten schlagen wir vor:
[Zu verwenden: B1.6]

B2.3 ABLEHNUNG

Wir bedauern, im Augenblick nicht in der Lage zu sein, Ihr Tauschangebot annehmen zu können, weil

wir für das von Ihnen angebotene Material bereits eine genügende Zahl von (Tausch-) Lieferanten haben / wir das angebotene Material (aus sprachlichen Gründen) nicht brauchen

wir (aus finanziellen Gründen) nicht die Möglichkeit haben, das von Ihnen gewünschte Material zu beschaffen

unser Tausch von . . . durchgeführt wird

wir nicht die Möglichkeit haben, Tauschabkommen zu schließen

Wir danken Ihnen trotzdem für Ihr freundliches Angebot

B3 **ANTWORT AUF ANNAHME**

Wir freuen uns, daß ein Tauschabkommen zwischen unseren beiden Einrichtungen zustande gekommen ist

Die von Ihnen gewünschten Veröffentlichungen werden Ihnen so bald als möglich (soweit vorhanden) übersandt, und wir hoffen, daß sich die Tauschbeziehungen im beiderseitigen Interesse fruchtbar entwickeln werden

B4 **ANTWORT AUF BEDINGTE ANNAHME**

B4.1 Wir freuen uns sehr, daß unser Vorschlag, mit Ihnen in Tauschbeziehungen zu treten, für Sie von Interesse ist

[Zu verwenden: B2.1.3 oder]
B4.2 Wir bedauern jedoch, daß wir nicht imstande sind, das von Ihnen gewünschte Material zu liefern und *möchten auf unseren ursprünglichen Vorschlag zurückkommen / schlagen Ihnen statt dessen vor*
[Zu verwenden: Abschnitt C]

B4.3 *Wir würden uns freuen, wenn Sie uns anstelle der von uns bestellten die nunmehr von Ihnen vorgeschlagenen Veröffentlichungen zusenden*

Wir bedauern, daß wir das von Ihnen angebotene Material nicht brauchen und / beziehen uns auf unseren ursprünglichen Vorschlag / würden statt dessen gern erhalten
[Zu verwenden: Abschnitt C]

[Zu verwenden: Abschnitt B2.1.4 oder]
B4.4 Wir bedauern, daß wir die von Ihnen vorgeschlagene Verrechnungsbasis nicht annehmen können und möchten *Sie auf unseren ursprünglichen Vorschlag verweisen / statt dessen vorschlagen*
[Alternative von B1.4]

[Zu verwenden: B2.1.5 oder]
B4.5 Wir bedauern, daß wir nicht die Möglichkeit haben, Ihren Vorschlag bezüglich einer Rückvergütung der Transportkosten anzunehmen und möchten *auf unseren ursprünglichen Vorschlag verweisen / statt dessen vorschlagen* [Alternative von B1.6]

B5 WEITERFÜHRUNG EINES BESTEHENDEN TAUSCHABKOMMENS

B5.1 SENDUNGEN

B5.1.1 Avis / Lieferschein / Versandliste

Avis/Lieferschein Nr.

[Briefkopf des Absenders]

[Name und Adresse des Empfängers] — Datum:

Versandt durch: [Art des Transportes] — Nummer der Pakete
Transportkosten

Die unten angeführten Werke wurden ausgewählt aus *Ihrem/unserem Brief vom* [Datum] / *Ihrer/unserer Liste Nr.*

Titel/Stück Nr.	Anzahl der Bände	Tauschwert
		[*Geld, Seiten etc*]*

* Die Summe geht zu Lasten Ihres Tauschkontos.
ZAHLUNG NICHT ERFORDERLICH

(*Diese Sendung enthält nicht alle von Ihnen bestellten Veröffentlichungen*

Wir bedauern, daß die fehlenden Veröffentlichungen zur Zeit nicht vorhanden sind

Betreffend die anderen erbetenen Veröffentlichungen schreiben wir Ihnen separat

Wir bitten Sie, dieses als Rechnung zu betrachten und die angegebenen Portokosten zurückzuerstatten

Rechnung für Transportkosten erfolgt gesondert

Bitte senden Sie uns eine (keine) Empfangsbestätigung)

[Weitere Mitteilungen können nötigenfalls hinzugefügt werden. Wenn eine Empfangsbestätigung erwünscht ist, kann ein Duplikat des Avises mit der Bemerkung „Bestätigung – bitte um RÜCKSENDUNG" mitgeschickt werden]

B5.1.2 Benachrichtigung über erfolgte Absendung

[Ausführlicher als B2.1.3 und eine höfliche Ergänzung oder Alternative zu B5.1.1]

Wir freuen uns, Ihnen mitteilen zu können, daß das *unten/in der Beilage* angeführte Tauschmaterial an Ihre Adresse versandt wurde (Ihr Konto wurde entsprechend belastet)

B5.1.3 Nicht verfügbare Veröffentlichungen

Wir bedauern, daß die in Ihrem Brief vom [Datum] bestellten Veröffentlichungen aus folgenden Gründen nicht verfügbar sind:
[Zu verwenden: Abschnitt D]

B5.2 REKLAMATIONEN UND MITTEILUNGEN ÜBER SENDUNGEN

B5.2.1 Sendung nicht erhalten

Betreffend Ihr Avis Nr. ... vom [Datum] teilen wir Ihnen mit, daß die Sendung bisher nicht eingetroffen ist. Wir sehen ihrem rechtzeitigen Erhalt entgegen

B5.2.2 Fehlende Veröffentlichungen

Betreffend Ihre Ankündigung Nr. ... vom [Datum] teilen wir Ihnen mit, daß folgende (dort angeführte) Veröffentlichungen nicht eingetroffen sind. Wir sehen Ihrem rechtzeitigen Erhalt entgegen.

B5.2.3 Irrtümlich übersandte Veröffentlichungen

Betreffend Ihre Ankündigung Nr. ... vom [Datum] teilen wir Ihnen mit, daß das folgende Material irrtümlich übersandt wurde. Bitte lassen Sie uns wissen, was wir damit tun sollen

B5.2.4 Unregelmäßigkeit beim laufenden Zugang

Wir erhalten von Ihnen im Tausch [Titel, etc]

Wir haben die folgende(n) Veröffentlichung(en) (ab [Band, Heft, Datum]) nicht erhalten

Wir haben zwei Exemplare von . . . erhalten

Wir haben von der Veröffentlichung . . . [Titel] ein /beschädigtes/ fehlerhaftes/ Exemplar erhalten

Wir wären Ihnen sehr dankbar, wenn Sie den Schaden beheben könnten

B5.2.5 Empfangsbestätigung

[Kann verwendet werden, wenn die Ankündigung der Sendung eine Empfangsbestätigung nicht überflüssig macht, wenn eine vorher nicht vereinbarte Summe bestätigt werden muß und/oder ein Ausdruck der Höflichkeit oder der Dankbarkeit angebracht erscheint]

Besten Dank für das übersandte Tauschmaterial. (Wir sind Ihnen sehr dankbar für diese Veröffentlichungen, die eine wertvolle Bereicherung unserer Bestände darstellen)

Wir haben Ihrem Konto den Betrag von . . . gutgeschrieben

B5.2.6 Mahnung

Wir haben bisher keine Antwort auf unseren Brief vom [Datum] erhalten und hoffen, (so bald als möglich) von Ihnen zu hören

B5.3 ANTWORT AUF REKLAMATIONEN UND MITTEILUNGEN ÜBER SENDUNGEN

B5.3.1 Sendung nicht erhalten

B5.3.1.1 Wir werden bei der Transportfirma Nachforschungen über das Paket [Nr.] anstellen und werden Sie verständigen, sobald wir etwas Näheres wissen

B5.3.1.2 Die Transportfirma teilt uns mit, daß die fehlende Sendung [Nr.] Ihnen demnächst zugestellt wird

B5.3.1.3 Die Transportfirma teilt uns mit, daß die Sendung [Nr.] an [Ort] ausgeliefert ist, und wir ersuchen Sie, *bei der Transportfirma / bei dem Schiffahrtsunternehmen* [Name etc] nachzufragen

B5.3.1.4 Wir erfahren vom *Spediteur/Postamt*, daß die Sendung [Nr.] spurlos verschwunden ist und als verloren betrachtet werden muß. Wir schreiben Ihrem Konto die entsprechende Summe von [Betrag] gut

B5.3.2 Fehlende Veröffentlichungen

B5.3.2.1 Wir übersenden Ihnen die aus der Sendung [Nr.] fehlenden Veröffentlichungen mit getrennter Post (ausgenommen die unten angeführten Titel, die nicht mehr verfügbar sind). Wir bitten Sie, diesen Irrtum zu entschuldigen. (Wir haben Ihrem Konto [Betrag] gutgeschrieben)

B5.3.2.2 Zu unserem Bedauern sind die in Sendung [Nr.] fehlenden Veröffentlichungen nicht mehr verfügbar. Wir haben Ihrem Konto [Betrag] gutgeschrieben

B5.3.3 Verwechslungen

B5.3.3.1 Weiterleitung, Umadressieren

Die in Ihrem Brief vom [Datum] angeführten Bücher müßten wie folgt weitergeleitet werden (bitte Bezug in jedem Fall angeben). Die Portokosten gehen zu Lasten *des Empfängers / von uns / unseres Tauschkontos*

Wir bedauern, daß wir Ihnen durch diesen Irrtum Mühe bereitet haben und sind Ihnen für die Richtigstellung dieser Angelegenheit sehr dankbar

B5.3.3.2 Bestätigung

Die Veröffentlichungen, die Sie beanstanden, wurden von Ihnen tatsächlich in folgender Art bestellt:

B5.3.3.3 Tauschsendung als Fernleihe zurückgeschickt

Wir senden Ihnen *anbei / mit getrennter Post*

[Titel]

zurück, *den/die* Sie uns als Fernleihe zurücksandten, in Wirklichkeit aber eine Tauschsendung darstellte(n), die von Ihnen am [Datum] bestellt wurde

B5.3.4 Unregelmäßigkeit beim laufenden Zugang

Wir haben (beim Buchhändler) veranlaßt, daß Sie für die fehlenden Exemplare Ersatzstücke erhalten

Bitte schicken Sie die *fehlerhaften / überzähligen* Exemplare an . . . zurück

B5.4 EINZELBESTELLUNGEN

[Zu verwenden: Abschnitt E]

B5.5 ANTWORT AUF EINZELBESTELLUNGEN

[Zu verwenden: Abschnitt E oder D]

B5.6 ABÄNDERUNG EINES BESTEHENDEN TAUSCHABKOMMENS

Wir möchten Ihre Aufmerksamkeit auf folgende Änderung unseres Tauschabkommens lenken, die nun notwendig wird
...

B5.6.1 Angebote

B5.6.1.1 Wir bedauern, daß wir Ihnen ab ...
[Zu verwenden: Abschnitt C] nicht mehr senden können, weil

die Publikation ihr Erscheinen eingestellt hat

uns das Material nicht mehr für den Tausch zur Verfügung steht. Vielleicht erhalten Sie es von ...

B5.6.1.2 Bitte nennen Sie uns einen anderen Titel [oder zu verwenden: B5.6.4.1 und B5.6.4.4]

B5.6.2 Wünsche

B5.6.2.1 Wir stornieren unsere Bestellung auf [Zu verwenden: Abschnitt C] mit [*Datum, Band, Teil*] / [*Liste Nr. Stück Nr.*]

[Zu verwenden: B5.6.4 oder]

B5.6.2.2 Statt dessen bitten wir um ... (beginnend mit) ...
[Eine unter Verwendung von Abschnitt E bestellte Monographie kann annulliert werden, indem man einen Durchschlag des Formulars mit der Aufschrift „Bitte annullieren" schickt]

B5.6.3 Tauschbasis

B5.6.3.1. Unsere derzeitige Art der Tauschverrechnung scheint uns nicht mehr den Gegebenheiten zu entsprechen. Wir schlagen Ihnen daher vor, ab [Datum] zu folgender Verrechnung überzugehen [Zu verwenden: Abschnitt B1.4]

B5.6.3.2 Wenn Sie mit diesem Vorschlag einverstanden sind, schlagen wir vor, daß der noch offene Kontostand in folgender Weise umgerechnet wird:

[*Anzahl*]	*Seite(n)*		[*Betrag*]	
[*Anzahl*]	*Band/Bände*	=	[*Anzahl*]	*Seite(n)*
	Titel		[*Anzahl*]	*Band/Bände*
	[*Betrag*]		*Titel*	

B5.6.4 Kontostand, Verrechnung

B5.6.4.1 Eine Überprüfung unseres Kontostandes hat ergeben, daß *unsere / Ihre* Bibliothek ein Guthaben von [Betrag] hat. Es scheint uns daher notwendig zu sein, daß *wir/Sie* das Ausmaß *unserer/Ihrer* Sendungen *vergrößern/reduzieren*

B5.6.4.2 Wir würden uns freuen zu hören, welche zusätzlichen Werke *Sie von uns (aus unseren Listen) haben möchten / Sie uns anbieten können*

B5.6.4.3 Wir erbitten zusätzlich im Tausch [Zu verwenden: Abschnitt C]

B5.6.4.4 Wir können deshalb den oben genannten Titel nicht ersetzen

B5.6.4.5 Um unseren Kontostand wieder auszugleichen, schlagen wir eine Verringerung *Ihrer/unserer* Sendungen durch folgende Annulierung vor:

B5.6.4.6 Wenn Sie es wünschen, nennen Sie uns bitte andere Titel, die eingestellt werden können

B5.6.4.7 Von den Titeln, die Sie bestellt haben, wollen Sie bitte nur [Anzahl] auswählen

B5.6.4.8 Die Transportkosten in beiden Richtungen müßten von *Ihnen/uns* getragen werden

B5.6.4.9 Abrechnung

Nach unseren Aufzeichnungen beträgt unser Kontostand für die Zeit von [Datum] bis [Datum]:

Von Ihnen erhalten	An Sie geschickt
[Wert]	[Wert]

Offenstehender Saldo

Die letzte in dieser Mitteilung enthaltene Sendung entspricht *Ankündigung/Rechnung* [Nr., Datum, Wert] [Nr., Datum, Wert]

Sollten Ihre Aufzeichnungen mit den unsrigen nicht übereinstimmen, so lassen Sie es uns bitte wissen und senden Sie uns eine Aufstellung der *Ankündigungen/Rechnungen* samt Nummern, Daten und Beträgen für die Spalte, die von uns abweicht

B5.6.4.10 Zweifel am Kontostand

Der von Ihnen angegebene Kontostand weicht von unseren Aufzeichnungen ab, wie Sie folgender Aufstellung über die von uns *abgeschickten/erhaltenen* Sendungen entnehmen können:

B5.6.4.11 Annahme der Abrechnung

Wie danken Ihnen für Ihre Abrechnung unseres Tauschkontos und freuen uns, mit Ihren Aufzeichnungen übereinzustimmen

B5.6.5 Transportkosten

Wir schlagen vor, daß in Abänderung unserer derzeitigen Vereinbarungen die Kosten der Sendungen in Zukunft von [Zu verwenden: B1.6] übernommen werden

B5.6.6 Schlußsatz

Wir hoffen, daß es Ihnen möglich sein wird, diese Vorschläge anzunehmen und erwarten Ihre Stellungnahme

B5.7 BEENDIGUNG EINES TAUSCHABKOMMENS

Aufgrund besonderer Umstände benötigen wir folgendes Werk nicht mehr im Tausch [Zu verwenden: Abschnitt C] und wir wären Ihnen sehr dankbar, wenn Sie die Lieferung *mit/nach* [Band, Nr.] einstellen könnten

Gleichzeitig stellen wir die Übersendung von [Zu verwenden: Abschnitt C] ein

Wir sind Ihnen für Ihre Hilfe und Unterstützung im Rahmen unserer Tauschvereinbarung sehr dankbar und werden uns, wenn es die Umstände erlauben, erneut an Sie wenden

C ARTEN VON TAUSCHMATERIAL UND INFORMATIONEN

[Wenn die Wörter $\frac{\text{unser}}{\text{Ihr}}$ in dieser Form erscheinen, so ist das obere Wort für das Angebot, das untere für die Bestellung zu verwenden]

1. [Titel einer bestimmten Monographie]
2. [Titel einer bestimmten periodischen Veröffentlichung] (ab [Band, Heft, Jahr] und Fortsetzung)
3. Monographien
Serien
Zeitschriften
Amtliche Druckschriften
Dissertationen
Berichte
Landkarten
Noten
veröffentlicht/von $\frac{\text{unserer}}{\text{Ihrer}}$ Einrichtung / (über [Sachgebiet])
4. Die Veröffentlichungen folgender Organisationen:
5. In $\frac{\text{unserem}}{\text{Ihrem}}$ Land veröffentlichte und noch lieferbare Bücher [oder eine unter 3 angeführte Kategorie] (betreffend [Sachgebiet])
6. Im Jahr [*1977*] in $\frac{\text{unserem}}{\text{Ihrem}}$ Land veröffentlichte (und in $\frac{\text{unserer}}{\text{Ihrer}}$ Nationalbibliographie verzeichnete) Bücher [oder eine unter 3 angeführte Kategorie] (betreffend [Sachgebiet])
7. In $\frac{\text{unserem}}{\text{Ihrem}}$ Land laufend erscheinende Zeitschriften (betreffend [Sachgebiet])
8. Dubletten aus $\frac{\text{unserem}}{\text{Ihrem}}$ Bestand (über [Sachgebiet])
9. $\frac{\text{Angebote}}{\text{Bestellungen}}$ laut beiliegender *Liste/Zettel/Kärtchen* (bezeichnet mit [Zeichen oder Farbe])
10. Auskunft über die von Ihnen lieferbaren Titel
11. *Angebotslisten/Bibliographien* betreffend [eine der oben angeführten Kategorien]

12 Prospekte (und Vorankündigungen) betreffend [eine der oben angeführten Kategorien]

D KURZE ANTWORTEN AUF EINZELBESTELLUNGEN

1. Beiliegend
2. Mit getrennter Post (eingeschrieben) übersandt
3. Noch nicht erschienen: folgt später (voraussichtlich . . .)
4. Noch nicht erschienen: wir bitten später um nochmalige Bestellung
5. Noch nicht erschienen: Erscheinungstermin ungewiß
6. Noch nicht erschienen: wir haben Ihre Bestellung vorgemerkt (allerdings ist es möglich, daß die Zahl der verfügbaren Tauschexemplare nicht für alle Bestellungen ausreichend sein wird)
7. Noch nicht erschienen: die Tauschexemplare wurden noch nicht vom Herausgeber abgeliefert; wir werden reklamieren
8. Weiteres Erscheinen ungewiß. *Bitte bestellen Sie später noch einmal/ Wir werden Sie zu einem späteren Zeitpunkt informieren*
9. Wir können Ihnen (statt dessen) *ein (e, en) Mikrofilm/Mikrofiche/ Photokopie* schicken
10. Wir haben Sie für die bestellten Werke vorgemerkt
11. Ihre Bestellung wurde an . . . weitergeleitet, (*von wo Sie das Werk direkt erhalten werden / Bitte teilen Sie uns zu gegebener Zeit mit, ob wir weitere Schritte unternehmen sollen*)
12. Nur für den *amtlichen/internen* Gebrauch
13. Im Tausch nicht verfügbar (zu bestellen bei . . .)
14. Bereits geschickt. Zusätzliches Exemplar erwünscht?
15. Nicht in *unserem Land/von unserem Institut* veröffentlicht
16. Vergriffen
17. Mit [Band, Heft, Jahr] Erscheinen eingestellt
18. Konnte nicht ermittelt werden; wir erbitten zusätzliche bibliographische Angaben
19. Der Wert der erbetenen Veröffentlichungen übersteigt unsere derzeitigen Tauschmöglichkeiten. Bitte wählen Sie Bücher im Wert von . . . aus

E MEHRZWECKFORMULAR FÜR TAUSCHBESTELLUNGEN

[Vorderseite]

A – Bitte um Rücksendung mit Ihrer Antwort auf der Rückseite

BESTELLUNG IM TAUSCH Datum
Von:
An:
Verfasser/Herausgeber, Titel, Erscheinungsort, Verlag, Erscheinungsjahr, Serie
Band, Heft
Bemerkungen (bibliographisch ermittelt, etc) ISBN/
ISSN

[Rückseite]

1. Beiliegend
2. Mit getrennter Post (eingeschrieben) übersandt
3. Noch nicht erschienen: folgt später (voraussichtlich . . .)
4. Noch nicht erschienen: wir bitten später um nochmalige Bestellung
5. Wir können Ihnen (statt dessen) ein (e, en) *Mikrofilm/Mikrofiche/Photokopie* schicken.
6. Im Tausch nicht verfügbar. Zu bestellen bei . . .
7. Bereits geschickt. Zusätzliches Exemplar gewünscht?
8. Nicht *in unserem Land/von unserem Institut* veröffentlicht
9. Vergriffen
10. Mit [Band, Heft, Jahr] Erscheinen eingestellt
11. Konnte nicht ermittelt werden; wir erbitten zusätzliche bibliographische Angaben

[Wenn das Formular groß genug ist, kann diese Liste durch D ersetzt werden]

[Obgleich jede der obigen Mitteilungen in einem Brief verwendet werden kann, soll dieses doppelseitige Formular in dreifacher Ausfertigung mit durchschossenem Kohlepapier oder speziellem Papier, ohne Verwendung von Kohle, benutzt werden, und zwar mit der Kennzeichnung:]

1. Formular A [wie oben angegeben]
2. Formular B – Verbleibt bei Ihnen
   [d. h. für die Akten des Empfängers]
3. Formular C – Zu den Akten [des Lieferanten]

[Die Kopien A und B werden zusammen versandt]

ЧАСТЬ 4

РУССКИЙ ТЕКСТ

ПРЕДИСЛОВИЕ

После второй мировой войны и особенно в последние два десятилетия международное сотрудничество во многих областях науки и техники обрело новые стимулы для своего развития. Это полностью относится к библиотечному делу в целом и, в частности, к обмену печатными изданиями. Такими решающими стимулами развития международного книгообмена стали два принятых ЮНЕСКО многосторонних договора - Конвенция по обмену печатными изданиями и Конвенция по обмену официальными изданиями и правительственными документами (1958 г.).

Необходимость общения с зарубежными коллегами на понятных для них языках теперь общепризнана. В решении этого вопроса особую важность имеют специализированные словари. Выдающимся образцом такого словаря является Vocabularium Bibliothecarii (Словарь билиотекаря). Такие словари часто содержат значительное количество слов, а иногда и некоторые фразы, используемые в практике книгообмена, однако, это оказывается недостаточным для удовлетворения узко-специализированных и быстрорастущих потребностей общения в этой сфере библиотечной работы.

Библиотеки сталкиваются с растущим читательским спросом на старые и давно разошедшиеся, на новые, но не поступающие в продажу издания, а также на иностранные книги, для покупки которых иностранной валюты может не хватить. Поиски решений всех этих вопросов требуют еще больших усилий от библиотекаря, занимающегося обменом.

Именно по этим причинам возрастают масштабы обменов и связанной с ними корреспонденции. Библиотеки вынуждены организовывать специальные отделы книгообмена или расширять уже существующие. Многие библиотеки, особенно в развивающихся странах, хотят впервые включиться в работу по международному книгообмену.

Все это, видимо, приводит к необходимости вводить в работу, обучать ей тех сотрудников библиотек, которые должны с самого начала своей деятельности осваивать термины, используемые в корреспонденции по международному книгообмену, поскольку именно с помощью корреспонденции в большинстве случаев достигаются все необходимые в этом обмене договоренности. Обусловленная определенными темами, корреспонденция по книгообмену является сравнительно стереотипной. Поэтому именно в этом случае, кажется, руководство по составлению писем сможет помочь библиотекарю по обмену вести элементарную, рутинную корреспонденцию без чьей-либо помощи. Впрочем, библиотековедение в целом, и книгообмен в частности, не может похвастаться наличием такого словаря.

В настоящее время ощущается нужда хотя бы в школьном буклете, в котором были бы подобраны фразы, наиболее необходимые в переписке по книгообмену. Повидимому, именно ИФЛА является той организацией, которая сможет заполнить существующий пробел, и предлагаемый читателю справочник предназначается для этого.

Настоящее издание должно фактически рассматриваться в контексте Руководства по международному обмену изданиями, последнее издание которого (Париж, ЮНЕСКО, 1978) было также подготовлено членами бывшего комитета ИФЛА по международному книгообмену. Поскольку опыт и практическое ведение книгообмена описаны в этом Руководстве, то фактическое осуществление обмена путем непосредственной связи между партнерами с большей легкостью может осуществляться при помощи настоящего издания, которое в этом плане следует рассматривать как приложение к Руководству. Настоящее издание может также считаться вкладом в дело международной стандартизации библиотечной работы и улучшения книгообмена между странами с различными уровнями развития.

Подобно Руководству ЮНЕСКО, наше небольшое Руководство по переписке составлено на пяти наиболее распространенных мировых языках. Однако вследствие индивидуальных лингвистических особенностей каждого из этих языков, буквальный подстрочный перевод оказался не всегда возможным. Во многих случаях вольный перевод лучше описывал соответствующий процесс.

Следует надеяться, что Корреспонденция по международному обмену изданиями выполнит поставленные перед ней задачи. Конечно, Секция вполне сознает тот факт, что это - лишь первая попытка, так сказать, вторжение на ранее никем не тронутую территорию. Особой благодарности заслуживает г-н Алекс Аллардайс (The British Library Lending Division, Boston-Spa), составивший основной английский текст, и переводчики, г-н Борис П. Каневский (Государственная библиотека СССР им. В.И. Ленина, Москва), г-н Жак Летев (Bibliothèque Nationale, Paris), г-жа Мария Разумовская (Österreichische Nationalbibliothek, Wien), и г-н А. Родригес (Dirección General de Bibliotecas, Universidad Nacional Autonóma de México, México). Все они пожертвовали своим временем ради этого, сугубо профессионального, но тем не менее непосредственного вклада в международное бибилиотечное сотрудничество.

ПЕТЕР ГЕНЦЕЛЬ

Deutsche Staatsbibliothek

Berlin, DDR

ОТ АВТОРА

Самый хороший справочник должен был бы иметь тексты писем на все случаи. Но составленный на пяти языках, он оказался бы громоздким, дорогостоящим и вряд ли был бы издан. Поэтому настоящая работа является компромиссом между таким первоклассным справочником и простым разговорником.

Этот справочник - нечто вроде набора инструментов; как мы надеемся, пользуясь его пятью частями, можно будет составить большинство деловых писем по международному книгообмену. В целях сокращения объема путеводителя каждый предмет упоминается, насколько это возможно, лишь один раз, а затем в контексте этот же предмет уже обычно не столько повторяется, сколько на него делается ссылка.

Для того, чтобы в справочнике легче разобраться, нужно учитывать, что в тексте использованы следующие условные обозначения:

Прямым светлым шрифтом набран только предлагаемый для письма текст.

Заголовки, набранные прямым светлым шрифтом, которые не являются частями текста, подчеркнуты или выделены разрядкой, например: извещение о высылке, п е р е а д р е с о в к а.

Курсивом отмечены примеры или альтернативные варианты, которые могут быть разделены знаком /.

Указания даются в квадратных скобках [ ].

Дополнительные слова и фразы, которые могут понадобиться, даются в круглых скобках ( ).

Хотя такой справочник "для самостоятельных" и не обеспечивает мгновенного изготовления писем, особых трудностей (при пользовании им) не испытывается, если помнить о том, что это издание не для сплошного чтения, а для пользования им по частям, шаг за шагом. Необходимо также обладать:

1. Основными знаниями в области данного языка.

2. Четким представлением о том, что Вы хотите изложить.

3. Терпением для того, чтобы следовать за справочником в поисках правильного построения письма и нужной фразы.

Конечно, располагая только одними этими данными, нельзя надеяться на то, что можно овладеть элегантным стилем изящной переписки или живым теплом личных писем - для этого потребуется более близкое знакомство с избранным иностранным языком (а в этом случае, вероятно, не потребуется этот справочник), или при использовании своего родного языка остается надеяться на компетентного переводчика на другом конце связи. По-видимому, надо будет так поступать в любом случае при сложных ситуациях.

Наборы "Юный конструктор" не обязательно должны содержать все детали, необходимые в работе настоящего умудренного инженера. Мы надеемся, что "инженеры" международного книгообмена тем не менее смогут с помощью этого набора собирать необходимые им ясные, точные и вместе с тем вежливые, целенаправленные письма.

Раздел Е модифицирован по сравнению с формой, которая была впервые представлена Секции г-ном Жаком Летевом, которому следует выразить искреннюю благодарность. Приношу благодарность также г-же Сандре Эллен, которая оказалась вовлеченной в эту работу по своей должности, но продолжала оказывать помощь и после перехода на другую работу. Автор благодарит за помощь членов Секции и всех тех, кто участвовал в доработке проекта. В переводе на русский язык большая заслуга принадлежит Л.Д. Рубашко.

А. Аллардайс

British Library Lending Division

Boston Spa, England

ОГЛАВЛЕНИЕ

A ФОРМА ПИСЬМА

A1 РАСПОЛОЖЕНИЕ СОСТАВНЫХ ЭЛЕМЕНТОВ ПИСЬМА

[Бланк письма с адресом отправителя]

Ссылка на отправителя [исходящий номер письма] [дата]
Ссылка на адресата [исходящий номер письма адресата]

[Фамилия и адрес адресата]

[Обращение]

[Текст письма]

[Концовка]

A2 ДАТА

22 января 1970 г.
февраля
марта
апреля
мая
июня
июля
августа
сентября
октября
ноября
декабря

A3 ОБРАЩЕНИЕ

Официальное	Неофициальное
Уважаемый *товарищ/господин*	Уважаемый *товарищ/господин/доктор/профессор*
	[*Фамилия*]
[Если это ответ на предыдущее письмо, начинайте с "Благодарю Вас за Ваше письмо от [дата]"]	[Если это ответ на предыдущее письмо, начинайте с "Благодарю за Ваше письмо от [дата]" или менее формально "Очень благодарен за Ваше письмо от [дата]"]

A4 КОНЦОВКА

	Официальное	Неофициальное
A4.1	Преданный Вам	Искренне Ваш
A4.2		[Менее формально] *С наилучшими пожеланиями* *С сердечным приветом* *Наилучшие пожелания* *Наисердечнейшие пожелания* *Искренне Ваш/Ваш*
A4.3	[Фамилия]	[Фамилия]
A4.4	[Должность]	([Должность])
A4.5	(Приложение)	

A5 АДРЕС НА КОНВЕРТЕ

A5.1	Наименование адресата	*Заведующему Сектором комплектования и международного книгообмена* *Гос. Публичная Библиотека им. Салтыкова-Щедрина*
A5.2	улица/шоссе/проспект и т.д. и №	*Садовая ул., 18*
A5.3	Поселок/город	*Ленинград*
A5.4	Область/район	
A5.5	почтовый индекс	*Д - 69*
A5.6	Страна	*СССР*

B КОРРЕСПОНДЕНЦИЯ ПО РАЗЛИЧНЫМ ВОПРОСАМ

B1 НАЧАЛО ОБМЕНА, ПЕРВОЕ ОБРАЩЕНИЕ

B1.1 ПРЕДЛОЖЕНИЕ ОБМЕНА

Мы хотели бы предложить Вам установить обмен (*книгами/ (и) периодическими изданиями*) между нашими организациями

B1.2 КОНКРЕТНЫЕ ПРЕДЛОЖЕНИЯ

Мы можем выслать по обмену (*в течение одного года/ в течение срока действия соглашения*)

[Используйте раздел C]

(и прилагаем пробный экземпляр)

B1.3 ТРЕБОВАНИЯ

В ответ мы хотели бы получать (*в течение одного года/ в течение срока действия соглашения*)

[Используйте раздел C]

(но, пожалуйста, сначала вышлите *пробный экземпляр/ пробные экземпляры*)

B1.4 УСЛОВИЯ ОБМЕНА

Мы предлагаем как (*окончательные/предварительные*) условия обмена на принципе учета
страница за страницу
книга за книгу
название за название
эквивалент стоимости [Используйте курс валюты; например: X рублей = £ 1.00/] *обменный курс, действующий в момент отправки*

B1.5 БАЛАНС

B1.5.1 Мы можем производить подсчет баланса

дважды в год
ежегодно
через каждые 2,3 ... года
время от времени

B1.5.2 Если полученная литература принята без возражений, мы предлагаем не выводить точный баланс на настоящий момент.

B1.6 СТОИМОСТЬ ПЕРЕСЫЛКИ

B1.6.1 Обычно стоимость пересылки будет оплачиваться

отправителем (до /места назначения/таможни порта назначения)

получателем (наложенным платежом)

отправителем с тем, чтобы все перерасходы за определенный период возмещались /денежным платежом/ изданиями на соответствующую сумму

B1.6.2 Мы предлагаем, чтобы денежные платежи производились

переводом. Наш банк [данные о банке] и наш счет №..
книжными купонами ЮНЕСКО

Международными почтовыми купонами [или другими талонами, напр., Международными купонами BLLD] *по курсу купонов за каждый [единица валюты]*

рублями/фунтами стерлингов/американскими долларами/ [другой валютой]

B1.7-B1.11 КОНЦОВКА

B1.7 Если предложенные соглашения принимаются, пожалуйста, укажите, какие издания Вы хотели бы получать (и возвратите нам список с Вашим ответом)

B1.8 Мы сможем выслать Вам другие издания, если Вы укажете, какие именно

B1.9 Надеемся, что эти предложения заинтересуют Вас и очень ждем Вашего ответа

B1.10 Если Вы не имеете возможности заключить с нами соглашение об обмене, пожалуйста, информируйте нас, чтобы мы не беспокоили Вас в будущем

B1.11 Пожалуйста, направляйте *всю корреспонденцию/заказы/ отправления* в ...

B2 ОТВЕТ НА ПРЕДЛОЖЕНИЕ ОБМЕНА

B2.1 СОГЛАСИЕ

B2.1.1 Мы будем рады принять Ваше предложение об установлении обмена *книгами/* (*и*) *периодическими изданиями* между нашими организациями (и ожидаем Ваших *списков/карточек*)

B2.1.2 Мы хотели бы получать *следующие из тех названий, которые Вы можете выслать по обмену: .../публикации согласно прилагаемому (ым) списку/карточкам/, отмеченные (красным) на Вашем списке*

B2.1.3 В ответ на Вашу просьбу мы *будем рады выслать/вышлем в обмен ...*

B2.1.4 Мы согласны с условиями обмена и со сроками проверки обменных соглашений, предложенными Вами

B2.1.5 Мы согласны с Вашим предложением об оплате почтовых расходов

B2.2 УСЛОВНОЕ СОГЛАСИЕ С ИЗЛОЖЕНИЕМ СВОИХ ВАРИАНТОВ

B2.2.1 Мы очень заинтересованы Вашим предложением об установлении обмена *книгами/* (*и*) *периодическими изданиями* между нашими двумя организациями и в целом согласны с ним. Мы хотели бы, однако, внести другие предложения по некоторым пунктам

[Используйте раздел B2.1.2 или]

B2.2.2 Не могли бы Вы выслать нам вместо предложенных изданий следующие:

[Используйте раздел C]

[Используйте раздел B2.1.3 или]

B2.2.3 К сожалению, мы не сможем выслать Вам заказанные Вами издания по следующим причинам:

[Используйте раздел C]

Взамен мы могли бы выслать Вам следующие издания, если это представит для Вас интерес:

[Используйте раздел C]

[Используйте B2.1.4 или]

B2.2.4 Мы хотели бы предложить вместо выдвинутых Вами условий обмена следующие /Используйте B1.4 и B1.5/

[Используйте B2.5 или]

B2.2.5 Относительно уплаты стоимости пересылки мы можем предложить следующее:

[Используйте B1.6]

B2.3 ОТКАЗ

К сожалению, мы не можем в настоящее время принять Ваше предложение об установлении обмена между нашими двумя организациями в связи с тем, что

у нас уже существуют вполне удовлетворяющие нас (обменные) соглашения по поводу материалов/мы не нуждаемся в материалах, которые Вы предлагаете (в связи с языковыми трудностями)

мы не можем выслать материалы, которые Вы запрашиваете (в связи с нехваткой ассигнований)

мы ведем уже обмен через посредство ...

мы не имеем возможности участвовать в обменах

Тем не менее, благодарим Вас за Ваше любезное предложение

B3 ОТВЕТ НА СОГЛАСИЕ

Мы чрезвычайно рады установлению обмена между нашими двумя учреждениями

Издания, которые Вы запрашиваете, будут высланы в ближайшее время (если они еще имеются в нашем распоряжении). Надеемся, что наши обменные отношения будут взаимовыгодны и доставят удовольствие обеим сторонам

B4 ОТВЕТ НА УСЛОВНОЕ СОГЛАСИЕ

B4.1 Мы рады узнать, что Вас заинтересовало наше предложение об обмене

[Используйте B2.1.3 или]

B4.2 К сожалению, мы не сможем выслать материал, который Вы запрашиваете, и *хотели бы вернуться к нашему первоначальному предложению/хотели бы предложить взамен* [Используйте раздел C]

B4.3 *Мы будем рады получить издания, предложенные Вами сейчас, вместо тех, которые мы заказывали*

К сожалению, мы не нуждаемся в материале, предложенном Вами/и хотели бы вернуться к нашему первоначальному заказу/и хотели бы получить взамен

[Используйте раздел C]

[Используйте B2.1.4 или]

B4.4 К сожалению, мы не сможем принять условия обмена, предложенные Вами и *хотели бы вернуться к нашему первоначальному предложению/ хотели бы предложить вместо этого* [альтернативное предложение из B1.4]

[Используйте B2.1.5 или]

B4.5 К сожалению, мы не сможем принять Ваше предложение относительно уплаты стоимости пересылки и *хотели бы вернуться к нашему первоначальному предложению/ хотели бы предложить вместо этого* [альтернативное предложение из B1.6]

B5 ВЕДЕНИЕ УЖЕ УСТАНОВЛЕННОГО ОБМЕНА

B5.1 ОТПРАВКИ

B5.1.1 Извещение /накладная или сопроводительный документ

Извещение/Накладная №

[Бланк с названием и адресом отправителя]

[Фамилия и адрес получателя] Дата:

Выслано: [способ пересылки] Номера пакетов
Стоимость пересылки

Перечисленные ниже издания отобраны из
письма от [дата] *список №*

Название/ № п	Количество экз.	Стоимость обмена
		[*в денежном выражении кол-во страниц и т.д.*]*
		*Общая сумма будет занесена на Ваш обменный счет ОПЛАТА НЕ ТРЕБУЕТСЯ

(В этом отправлении высланы не все издания, заказанные Вами

К сожалению, в настоящее время мы не располагаем изданиями, не включенными в список

Мы сообщим отдельным письмом о других заказанных Вами изданиях

Данное извещение является счетом. Просим уплатить указанную сумму стоимости пересылки

Отдельно вышлем счет на транспортные расходы

Пожалуйста, вышлите (не высылайте) подтверждение получения)

[В случае надобности могут быть добавлены дополнительные сообщения
Можно выслать дополнительный экземпляр данного извещения с пометкой "Просим подтвердить получение - Пожалуйста, ВЕРНИТЕ", если нужно]

B5.1.2 Извещение о высылке

[Более подробное, чем B2.1.3 и вежливое дополнение и альтернатива к B5.1.1 или его замена]

Сообщаем, что выслали Вам по обмену материалы, перечисленные *ниже/на прилагаемом списке* (их стоимость занесена на Ваш обменный счет)

B5.1.3 Отказы на литературу

К сожалению, мы должны сообщить, что заказанные Вами в письме от [дата] издания не могут быть высланы по причинам, изложенным ниже:

[Используйте раздел D]

B5.2 РЕКЛАМАЦИЯ И КОММЕНТАРИИ ПО ПОВОДУ ОТПРАВОК

B5.2.1 Пропавшие отправки

В связи с Вашим извещением № [дата] сообщаем, что посылка еще не получена
Надееемся получить ее в ближайшее время

B5.2.2 Недостающие издания

Следующие издания, включенные в накладную № ... от [дата] , не получены. Надеемся получить их от Вас в ближайшее время

B5.2.3 Ошибочно высланные издания

Следующие издания, включенные в накладную № ..., высланы ошибочно.
Пожалуйста, сообщите, как нам следует распорядиться ими.

B5.2.4 Нерегулярность в текущих поступлениях

Мы получаем от Вас по обмену [название и т.д.]

Следующие издания (с [том № дата] не получены

Получен лишний экземпляр

Следующие №№ [названия] получены/в поврежденном состоянии/дефектны

Вышлите, пожалуйста, замену

B5.2.5 Подтверждение получения

[Можно использовать, если извещение об отправке требует подтверждения получения; если нужно занести в кредит сумму, не согласованную заранее и/или из вежливости, или для выражения благодарности]

Благодарю Вас за материал, высланный по обмену. (Мы чрезвычайно благодарны за эти издания, которые будут ценным дополнением к нашим фондам)

Мы занесли на Ваш обменный счет [количество]

B5.2.6 Напоминание

Мы еще не получили ответа на наше письмо от [дата] и надеемся получить от Вас сообщение (как можно скорее)

B5.3 ОТВЕТ НА РЕКЛАМАЦИЮ И КОММЕНТАРИИ ПО ПОВОДУ ОТПРАВОК

B5.3.1 Пропавшие отправки

B5.3.1.1 Мы запросим службу доставки о неполученной бандероли [№] и известим Вас по получении их ответа

B5.3.1.2 Служба доставки сообщила, что неполученная бандероль [№] сейчас направляется Вам

B5.3.1.3 Служба доставки сообщила, что неполученная бандероль [№] была доставлена в [место] , и Вам следует теперь запросить *транспортную/морских перевозок* компанию [название и т.д.]

B5.3.1.4 *Служба доставки/Почтовое ведомство* сообщает, что не обнаружила никаких данных о местонахождении не полученной адресатом бандероли [№] , которую следует считать потерянной. Заносим в Ваш кредит [соответствующую сумму]

B5.3.2 Неполученные издания

B5.3.2.1 Высылаем в отдельном пакете издания, отсутствующие в бандероли [№] , (за исключением перечисленных ниже, которые полностью разошлись). Пожалуйста, примите наши извинения в связи с этой ошибкой. (Мы занесли в кредит Вашего счета [сумма])

B5.3.2.2 Издания, отсутствующие в бандероли [№] , к сожалению, разошлись. Мы занесли в кредит Вашего счета [сумма]

B5.3.3 Ошибки

B5.3.3.1 П е р е а д р е с о в к а

Издания, о которых Вы запрашиваете в Вашем письме от [дата] , следует переслать по адресу, указанному ниже (со ссылкой в каждом отдельном случае на конкретные названия или на нашу переписку). Транспортные расходы следует отнести *на счет получателя/ на Ваш/наш обменный счет*

Мы сожалеем о неудобствах, причиненных Вам нашей ошибкой, и благодарим Вас за помощь в ее исправлении

B5.3.3.2 П о д т в е р ж д е н и е

Издания,.о которых Вы запрашиваете, были фактически заказаны Вами следующим образом:

B5.3.3.3 И з д а н и е, в ы с л а н н о е п о о б м е н у, в о з в р а щ е н о к а к з а к а з а н н о е п о м е ж б и б л и о т е ч н о м у а б о н е м е н т у

Высылаем в *приложении/в отдельном пакете*

[название]

которое было возвращено Вами как полученное по межбиблиотечному абонементу, но фактически было заказано Вами по книгообмену [дата]

B5.3.4 Нерегулярность в текущих поступлениях

Мы организовали отправку Вам (через агента) взамен неполученных Вами изданий

Пожалуйста, верните *дефектные/лишние* экземпляры по [адрес]

B5.4 КОНКРЕТНЫЕ ЗАКАЗЫ

[Используйте раздел E]

B5.5 ОТВЕТЫ НА КОНКРЕТНЫЕ ЗАКАЗЫ

[Используйте раздел E или D]

B5.6 ИЗМЕНЕНИЯ В СУЩЕСТВУЮЩЕМ ОБМЕННОМ СОГЛАШЕНИИ

Обращаем Ваше внимание на следующие изменения, которые представляется необходимым внести в наше обменное соглашение ...

B5.6.1 Предложения

B5.6.1.1 К сожалению, мы не сможем выслать Вам

[Используйте раздел C] с ... [дата] по следующим причинам:

Издание прекратилось

Не располагаем более для обмена. Вы можете получить его от ...

B5.6.1.2 Сообщите, что бы Вы хотели получить взамен [или используйте B5.6.4.1 и B5.6.4.4]

B5.6.2 Пожелания

B5.6.2.1 Мы хотели бы аннулировать наш заказ на [Используйте раздел C] *с* [*дата том №*] / [*список № название №*]

[Используйте B5.6.4 или]

B5.6.2.2 Взамен мы хотели бы получать следующее ..., (начиная с ...)

[Заказ на книгу, посланный на бланке, разработанном в разделе E, может быть аннулирован отправкой копии заказа с пометкой "Пожалуйста, аннулируйте"]

B5.6.3 Условия обмена

B5.6.3.1 Существующий в настоящее время способ подсчета баланса обмена не представляется нам удобным. Мы хотели бы предложить, чтобы с [дата] использовался следующий способ [Используйте B1.4]

B5.6.3.2 Если Вы не возражаете, мы также хотели бы предложить, чтобы сальдо было пересчитано на новой основе следующим образом:

[*кол-во*] *страниц*		[*стоимость*]
[*кол-во*] *том (ов)*	=	[*кол-во*] *страниц*
название		[*кол-во*] *том (ов)*
[*стоимость*]		*название*

B5.6.4 Баланс

B5.6.4.1 Подведя баланс обмена, сообщаем, что сальдо [кол-во] в пользу *нашей/Вашей* библиотеки, и *нам/Вам* следует *расширить/ограничить* рамки обмена

B5.6.4.2 Пожалуйста, сообщите, какие еще названия Вы *хотели бы получить (из наших списков предложений) /могли бы предложить*

B5.6.4.3 Мы хотели бы, чтобы Вы выслали дополнительно по обмену

[Используйте раздел C]

B5.6.4.4 Поэтому мы не можем заменить данное название

B5.6.4.5 Чтобы уравновесить баланс, следует сократить количество *Ваших/наших* отправок, аннулировав отправки от следующих дат:

B5.6.4.6 Пожалуйста, сообщите, если Вы хотите, чтобы были аннулированы заказы на другие названия вместо упомянутых

B5.6.4.7 Вам придется ограничить количество получаемых в настоящее время изданий до [количество]

B5.6.4.8 Стоимость пересылки как получаемых, так и отправляемых изданий должна оплачиваться *Вами/нами*

B5.6.4.9 Извещение о балансе

По нашим подсчетам баланс книгообмена между нашими организациями за период от [дата] до [дата] следующий:

	От Вас	Вам
	[стоимость]	[стоимость]
Баланс		

Последняя отправка, включенная в данное извещение, по *накладной/счету* [№ дата стоимость] [№ дата стоимость] . Пожалуйста, сообщите, если Ваши подсчеты не соответствуют вышеизложенному, и вышлите список номеров *накладных/счетов*, дат и стоимости по графе, в которой выявились расхождения

B5.6.4.10 Спорный баланс

Баланс книгообмена, сообщенный Вами, отличается от наших подсчетов, что видно из прилагаемого списка наших *отправок/получений*:

B5.6.4.11 Бесспорный баланс

Благодарю Вас за подсчет баланса нашего книгообмена, с которым мы полностью согласны

B5.6.5 Стоимость пересылки

Взамен существующего в настоящее время соглашения мы предлагаем, чтобы в будущем стоимость пересылки оплачивалась [Используйте B1.6]

B5.6.6 Заключительное предложение

Мы надеемся, что Вы сможете принять и провести в жизнь эти предложения

B5.7 АННУЛИРОВАНИЕ ПРЕДЛОЖЕНИЯ ОБ ОБМЕНЕ

В связи с изменившимися обстоятельствами мы более не нуждаемся в следующем, получаемом по обмену [Используйте раздел C] и просим аннулировать (с [том номер])

Одновременно мы аннулируем [Используйте раздел C]

Мы чрезвычайно высоко оцениваем Вашу помощь и сотрудничество в рамках нашего соглашения об обмене и хотели бы возобновить его в будущем, если позволят обстоятельства

C ВИДЫ МАТЕРИАЛОВ И ИНФОРМАЦИИ, ПОДЛЕЖАЩИХ ОБМЕНУ

[В тексте, где два слова написаны следующим образом $\frac{\text{наше}}{\text{Ваше}}$, верхнее следует использовать при предложении, а нижнее при заказе]

1 [Название конкретной книги]

2 [Название конкретного периодического издания] (начиная с [том № год] и далее)

3 Монографии
Серии
Журналы
Официальные издания
Диссертации
Сообщения
Карты
Ноты

издаваемые/$\frac{\text{нашей}}{\text{Вашей}}$ организацией/ (по [такому-то вопросу])

4 Издания следующих организаций:

5 Книги или перечисленные в третьем пункте издания, опубликованные в $\frac{\text{нашей}}{\text{Вашей}}$ стране, имеющиеся в продаже (по [тема])

6 Книги или перечисленные в третьем пункте издания, опубликованные в $\frac{\text{нашей}}{\text{Вашей}}$ стране в [*1977*] и включенные в национальную библиографию (по [тема])

7 Периодические издания, выходящие в $\frac{\text{нашей}}{\text{Вашей}}$ стране (по [тема])

8 Дублеты из $\frac{\text{наших}}{\text{Ваших}}$ фондов по ([тема])

9 $\frac{\text{Предложения}}{\text{заказы}}$ см. прилагаемый *список/карточки/бланки* (выделенные [знаком или цветом])

10 Информация о предлагаемых Вами изданиях

11 *Списки/библиографии* [вышеперечисленных материалов]

12 Проспекты (и предварительная информация) относительно [типы изданий, приведенные выше]

D КРАТКИЕ ОТВЕТЫ НА КОНКРЕТНЫЕ ЗАКАЗЫ

1 Прилагаем

2 Высылаем отдельным пакетом (заказным)

3 Еще не опубликовано. Будет выслано позднее (возможно ...)

4 Еще не опубликовано. Повторите заказ позже

5 Еще не опубликовано. Дата публикации неизвестна

6 Еще не опубликовано. Ваш заказ на контроле (но количество полученных нами экземпляров может оказаться недостаточным для всех)

7 Еще не опубликовано. Издатель еще не выслал нам экземпляров для обмена, ему будет послано напоминание

8 Неизвестно, будет ли продолжено это издание. *Пожалуйста, повторите заказ позже/Мы сообщим Вам позже*

9 Можем выслать *микрофильм/микрофишу/фотокопию* (взамен)

10 Вы внесены в список на получение интересующих Вас изданий

11 Ваш заказ передан ... (*откуда Вы и получите данное издание/Пожалуйста, сообщите, какие еще меры, по Вашему мнению, нам следует предпринять*

12 Только для *служебного/внутреннего* пользования

13 Не располагаем для целей обмена. (Можно заказать в ...)

14 Уже выслано Вам. Нужен ли еще экземпляр?

15 Не публиковалось *в нашей стране/нашим учреждением*

16 Разошлось

17 Прекратилось на [том № год]

18 Не можем установить; сообщите дополнительные библиографические данные

19 Стоимость заказанных Вами изданий превышает наши ассигнования на расходы по обмену в настоящее время. Пожалуйста, отберите заказы на сумму ...

E СОСТАВНОЙ БЛАНК ДЛЯ ЕДИНИЧНЫХ ЗАКАЗОВ

[1-ая сторона]

А - пожалуйста, верните с ответом на обороте

ЗАКАЗ ПО ОБМЕНУ Дата
От:
Кому:
Автор/редактор, название, место издания, издатель, дата издания, серия, том, часть

Пометки (ссылки на библиографии и т.д.) ISBN/ ISSN/

[2-ая сторона (оборотная)]

1 Прилагаем
2 Высылаем отдельным пакетом (заказным)
3 Еще не опубликовано. Будет выслано позднее (возможно ...)
4 Еще не опубликовано. Повторите заказ позже
5 Можем выслать *микрофильм/микрофишу/фотокопию* (взамен)
6 Не располагаем для целей обмена. Можно заказать в ...
7 Уже выслано ранее. Нужен ли еще экземпляр?
8 Не публиковалось *в нашей стране/нашим учреждением*
9 Разошлось
10 Перестало выходить на [том № год]
11 Не можем установить. Сообщите дополнительные библиографические данные

[Вышеприведенный текст может быть заменен текстом из раздела D, если бланк достаточно большой]

[При том, что любой из вышеприведенных текстов может быть использован в переписке отдельно, эта двусторонняя форма должна использоваться в виде комплекта из 3-х листов, переложенных копиркой или на специальной "самокопировальной" бумаге с пометками:

1-ая форма А - [см. выше]

2-ая форма В - Для использования адресатом [т.е. экземпляр получателя]

3-я форма С - Экземпляр [отправителя]

Экземпляры А + В высылаются вместе]

Parte 5

TEXTO EN ESPAÑOL

PROLOGO

Después de la segunda guerra mundial y especialmente durante las últimas dos décadas, en muchos campos de la ciencia y la tecnología, la cooperación internacional ha recibido un nuevo impulso. Esta observación es especialmente válida en el campo de la bibliotecología en general, y del intercambio de publicaciones en particular. Este último ha recibido un impulso muy importante de la Convención sobre el canje internacional de publicaciones y la Convención sobre el canje de publicaciones oficiales y documentos gubernamentales entre Estados de la Unesco (1958).

En la actualidad es necesario comunicarse con colegas extranjeros en lenguas que les sean familiares. Los diccionarios especializados resultan de gran importancia para satisfacer este fin. Un relevante ejemplo es el Vocabularium Bibliothecarii. Con frecuencia los diccionarios incluyen muchas palabras y ocasionalmente algunas frases, las que resultan útiles para el trabajo de intercambio de publicaciones; desafortunadamente, no son adecuados para satisfacer las necesidades crecientes de los especialistas.

Las bibliotecas, cada vez más requieren materiales agotados, publicaciones no comerciales, y libros extranjeros, para los que la disponibilidad de divisas puede ser poca o nula. Todo esto exige esfuerzos enormes del bibliotecario encargado del intercambio.

Por esta razón el índice de intercambio y de correspondencia está aumentando. Las bibliotecas deben establecer, en forma separada, nuevos departamentos o ampliar los que ya existen. En los países en vías de desarrollo son muchos los bibliotecarios que quieren iniciar sus actividades de canje.

Todo esto nos lleva a aceptar que es necesario adiestrar al personal de canje que no tiene ninguna preparación. Será necesario capacitarlos en la utilización de los términos usados en la correspondencia de canje, pues es a través de este medio como establecen la mayoría de los convenios. La correspondencia que se relaciona con el canje es relativamente estereotipada, debido a los temas que se tratan. Es por eso que parece razonable la elaboración de estos formularios para auxiliar al bibliotecario de canje a mantener la correspondencia rutinaria, sin necesidad de otro tipo de ayuda. Sin embargo, la bibliotecología en general, y el canje de publicaciones en particular no cuentan con un auxiliar de ese tipo. Lo que se necesita es un pequeño folleto que contenga las frases esenciales de las cartas de intercambio. La FIAB es la organización adecuada para satisfacer esta necesidad y este formulario la vía para lograrlo.

Este trabajo tiene que enmarcarse en el contexto del Manual del Canje internacional de publicaciones, cuya última edición (París, Unesco, 1978) fue preparada también por algunos miembros del anterior Comité de Intercambio de Publicaciones de la FIAB. Considerando que las bases y el manejo práctico del canje están descritos en el Manual; la realización de intercambios mediante la comunicación que logren dos bibliotecarios será más fácil con la utilización del Formulario; el que puede ser visto como un suplemento del Manual. Este trabajo puede ser considerado como una modesta contribución a la normalización de la bibliotecología internacional y como un elemento de mejoramiento del canje entre los países desarrollados y los que están en vías de desarrollo.

Como el Manual, nuestro Formulario está elaborado en cinco de los idiomas universales. Sin embargo, debido a las características linguísticas de cada uno de ellos, la traducción literal no siempre será posible. En algunos casos las adaptaciones describen mejor el proceso a que se refieren.

Esperamos que las Cartas para el Canje Internacional obtengan su propósito. Los miembros de la sección están conscientes que de hecho es un primer intento; una aventura en un terreno inexplorado, y agradecerán cualquer comentario. Un Agradecimiento especial para el Sr. Alex Allardyce (The British Library Lending Division, Boston Spa) quien elaboró el texto básico en inglés y a los traductores, Sr. Boris P. Kanyevsky (Gosudarstvennaya biblioteka SSSR im. V.I.Lenina, Moscù), Sr. Jacques Lethève (Bibliothèque Nationale, París), Sra. Maria Razumovsky (Österreichische Nationalbibliothek, Viena) y a Adolfo Rodríguez (Dirección General de Bibliotecas, Universidad Nacional Autonóma de México). Todos ellos sacrificaron parte de su tiempo libre para realizar este trabajo que ayudará a la cooperación internacional en el campo de la bibliotecología.

Peter Genzel

Deutsche Staatsbibliothek
Berlin, DDR

INTRODUCCION DEL AUTOR

La guía ideal será aquella que contenga una carta especial para cada ocasión. Publicarla en cinco lenguas sería muy extensa, costosa y difícilmente se publicaría. El presente trabajo es un esfuerzo intermedio entre el trabajo ideal y un simple vocabulario.

El trabajo consta de cinco secciones con las que se espera se puedan satisfacer la mayor parte de las necesidades de comunicación en las actividades de intercambio. Con el fin de resumir la guía lo más posible, cada una de las secciones aparece sólo una vez y más tarde hay remisiones a la respectiva sección, pues ésta no aparece en el contexto.

Para le mejor comprensión y utilización de este formulario es conveniente aclarar los siguientes aspectos:

Los textos que se sugieren están impresos en tipos romanos.

Los encabezamientos en tipo romano que no son parte del texto están subrayados o espaciados por ejemplo: remisión, r e e n v í o.

Las *itálicas* se usan para presentar ejemplos o alternativas que pueden estar separadas por una diagonal / .

Las instrucciones están dentro de corchetes [ ].

El paréntesis ( ) indica las palabras o las frases adicionales que pueden necesitarse y emplearse.

Sin embargo, un manual de tipo de „hágalo usted mismo" no produce cartas en forma automática. No se encontrarán dificultades si se tiene presente que este formulario no está hecho para ser leído, sino para usarlo paso por paso y elaborar las cartas necesarias. Además es necesario poseer:

1. Un conocimiento básico de la lengua.
2. Un mensaje que se quiere transmitir.
3. Paciencia para ir más allá de donde el formulario nos lleva para buscar la frase exacta y el esquema conveniente.

Con la ayuda de este formulario no se puede tener un tono elegante en la correspondencia, o la cordialidad de una carta personal. Para quienes deseen lo anterior, necesitan una gran familiaridad con la lengua escogida (en cuyo caso no requieren de este libro), o pueden usar su propia lengua con la esperanza de encontrar un traductor capaz de entenderlos. Se podrá recurrir a esto en situaciones confusas.

Un mecano no está hecho para tener todas las piezas necesarias para un trabajo complejo de ingeniería. Esperamos, de todas formas, que el „técnico" en canje será capaz de hacer cartas claras, sin ambigüedades y corteses para satisfacer su propósito.

La sección E ha sido modificada del trabajo presentado, a esta Sección, por el Sr. Jacques Lethève a quien estamos agradecidos. También agradecemos a la Sra. Sandra Ellen quien ayudó a este proyecto, y quien continuó colaborando a pesar de haber cambiado de trabajo. El autor agradece la ayuda que le prestaron los miembros de la Sección y todos aquellos que han aportado sus comentarios a este trabajo.

Alex Allardyce

British Library Lending Division
Boston Spa, England

INDICE

A FORMATO DE CARTAS

A1 FORMATO

[Membrete con la dirección del remitente]

Nuestra Referencia [No. de expediente del remitente] [Fecha]
Su Referencia [No. de expediente, del destinatario]

[Nombre y dirección del destinatario]

[Saludo]

[Texto]

[Despedida]

A2 FECHA

22 Enero 1970
Febrero
Marzo
Abril
Mayo
Junio
Julio
Agosto
Septiembre
Octubre
Noviembre
Diciembre

A3 SALUDO

	Formal	Informal
	Estimado *Señor/Señora*	Estimado *Sr/Sra/Srita/Dr/Profesor* [Apellido]
	[Si se trata de la respuesta a una carta anterior inicie con „Gracias por su carta del [fecha]"]	[Si es la respuesta a una carta anterior principie „Gracias por su carta del [fecha]" o más familiarmente „Muchas gracias por su carta del [fecha]"]

A4 FORMULAS DE DESPEDIDA

	Formal	Informal
A4.1	Atentamente	
A4.2		[Más familiarmente] *Con mis mejores deseos* *Con atentos saludos*
A4.3	[Nombre]	[Nombre]
A4.4	[Cargo]	([Cargo])
A4.5	[Anexos]	

A5 DIRECCION EN EL SOBRE

A5.1	Nombre del destinatario	*Bibliotecario de Canje* *Dirección General de Bibliotecas*
A5.2	Calle/Avenida/Calzada No.	*Av. Insurgentes*
A5.3	Pueblo/Ciudad	*Ciudad de México*
A5.4	Estado/Departamento	*Distrito Federal*
A5.5	Zona Postal	*Z. P. 20*
A5.6	País	*México*

B TEXTOS PARA DIVERSOS PROPOSITOS

B1 PROPOSICION DE CANJE, SOLICITUD INICIAL

B1.1 PROPUESTA

Proponemos el establecimiento de un canje (*de libros / (y) publicaciones periódicas*) entre nuestras instituciones

B1.2 OFERTA

Podemos enviar en canje (*por un año / en forma indefinida*)
[Véase la Sección C]
(y anexo encontrará un ejemplar de muestra)

B1.3 REQUISITOS

En intercambio, nos gustaría recibir (*por un año / en forma indefinida*)
[Véase la Sección C]
(pero por favor envíe antes *un ejemplar de muestra / ejemplares de muestra*)

B1.4 BASES

Proponemos como (*exacta / aproximada*) bases para el canje

página por página
volúmen por volúmen
título por título
precio de las publicaciones sobre la base [use el tipo de cambio, por ej.: x rublos = £ 1.00] / *el precio del canje de acuerdo al tipo de cambio del día de envío*

B1.5 BALANCE

B1.5.1 Nos gustaría recibir el balance

dos veces por año
anualmente
cada 2,3 . . . años
de vez en cuando

B1.5.2 En vista de que la literatura recibida es aceptable, sugerimos que por ahora no se requiere un balance

B1.6 COSTOS DE ENVIO

B1.6.1 Los costos de envío serán pagados normalmente por

el remitente (hasta / el lugar de destino / la aduana del puerto de llegada)

el destinatario (C.O.D.)

el remitente con un balance para ser pagado / en efectivo / publicaciones que se tengan cuando se revise el balance

B1.6.2 Proponemos que el pago en efectivo se haga mediante

transferencia de crédito. Nuestro banco es [datos del banco] y nuestro número de cuenta es . . .

cupones de Unesco

cupones internacionales de respuesta [u otros cupones, por ej. cupones internacionales de la BLLD] al tipo de cambio de . . .

pesetas / pesos / dólares / libras / [otras monedas]

B1.7–B1.11 FRASES DE DESPEDIDA

B1.7 Si acepta nuestra oferta, por favor indique la publicación que desearía recibir (y regrésenos la lista con su respuesta)

B1.8 Estamos en posibilidad de enviar otras publicaciones si nos lo indica

B1.9 Deseamos que estas proposiciones le resulten de interés, esperamos su respuesta

B1.10 Si no se encuentra en posibilidad de establecer un convenio de canje con nosotros, por favor avísenos para evitar molestarlo en lo futuro

B1.11 Por favor envíe toda *correspondencia / solicitud / envíos* a . . .

B2 **RESPUESTA A UNA SOLICITUD INICIAL**

B2.1 ACEPTACION

B2.1.1 Con gusto aceptamos su propuesta de canje de *libros / (y) publicaciones periódicas* entre nuestras dos instituciones (y esperamos recibir sus *listas / tarjetas*)

B2.1.2 De los materiales que ofrecen en canje, nos gustaría recibir *los siguientes: . . . / las publicaciones / de la lista adjunta / papeletas marcadas (en rojo) en su lista*

B2.1.3 Como lo ha solicitado, *con gusto enviaremos / le hemos enviado en intercambio* . . .

B2.1.4 Estamos de acuerdo en las bases del canje y con los períodos de revisión sugeridos por usted

B2.1.5 Aceptamos su propuesta de pagar los costos de envío

B2.2 ACEPTACION CONDICIONADA, CON SUGERENCIAS DE CAMBIO

B2.2.1 Estamos muy interesados en su propuesta de canje de *libros / (y) publicaciones periódicas* entre nuestras instituciones; en general estamos de acuerdo. Sin embargo, nos gustaría ofrecer algunas sugerencias alternativas sobre algunos puntos

[Véase B2.1.2 ó]

B2.2.2 Como alternativa a los materiales que han ofrecido, sería posible enviarnos los siguientes?:
[Véase la Sección C]

[Véase B2.1.3 ó]

B2.2.3 Lamentamos no estar en posibilidad de enviarle los materiales solicitados por usted, por las siguientes razones:
[Véase la Sección D]

Podemos enviar, en remplazo, los siguientes materiales si resultan de su interés:
[Véase la Sección C]

[Véase B2.1.4 6]
B2.2.4 En lugar de las bases de intercambio sugeridas por usted, nos permitimos proponer las siguientes:
[Véase B1.4 y B1.5]

[Véase B2.1.5 6]
B2.2.5 En relación a los gastos de envío sugerimos lo siguiente:
[Véase B1.6]

B2.3 NEGATIVA

Lamentamos, que por el momento, no podamos aceptar su oferta de canje entre nuestras instituciones porque

ya tenemos convenios satisfactorios (de canje) para / no necesitamos / el material que nos ofrece (porque existen dificultades con el idioma)

no podemos enviar el material solicitado (debido a falta de fondos)

el encargado de nuestro canje es . . .

no estamos en posibilidad de aceptar acuerdos de intercambio

Gracias de todos modos por su amable oferta

B3 RESPUESTA DE ACEPTACION

Estamos muy satisfechos de haber establecido un convenio de canje entre nuestras instituciones

Los materiales solicitados por ustedes, serán enviados tan pronto como sea posible (siempre y cuando los tengamos en existencia) esperamos tener relaciones de canje de mutuo beneficio

B4 RESPUESTA DE ACEPTACION CONDICIONADA

B4.1 Hemos recibido, con gusto, la noticia de que ustedes están interesados en nuestra propuesta de canje

[Véase B2.1.3 ó]

B4.2 Lamentamos no estar en posibilidad de atender su solicitud de materiales, *preferiría usted nuestra propuesta original / en lugar de ello ofrecemos*
[Véase la Sección C]

B4.3 *Con gusto aceptamos recibir los materiales que nos ofrecen ahora, en substitución de los propuestos por nosotros*

Lamentamos no necesitar los materiales que ustedes nos ofrecen y nos gustaría / volver a su oferta original / recibir a cambio
[Véase la Sección C]

[Véase la Sección B2.1.4 ó]

B4.4 Lamentamos no estar en posibilidad de aceptar las bases para el canje propuestas por ustedes *y nos gustaría insistir en nuestra propuesta original / sugerir a cambio*
[una alternativa de B1.4]

[Véase B2.1.5 ó]

B4.5 Lamentamos no poder acepter su sugerencia en relación al reembolso del costo de envío y *debe consultarse nuestra proposición original / nos gustaría sugerir en cambio*
[Una alternativa de B1.6]

B5 MANTENIMIENTO DE UN CONVENIO DE CANJE YA ESTABLECIDO

B5.1 ENVIOS

B5.1.1 Aviso / Remisión

Aviso / Remisión

[Membrete del remitente]

[Nombre y dirección del destinatario] Fecha:

Enviado por: [Sistema de transporte] No. de paquetes
Costo de envío

Las publicaciones incluidas, seleccionadas
de *su / nuestra carta del* [fecha] /
lista No.

Título/Pieza No.	No. de piezas	Valor del canje [*en efectivo, páginas, etc*]*

* El total será cargado a su cuenta de canje
NO SE REQUIERE PAGAR AHORA

(*Este envío no contiene todos los materiales solicitados por usted*

Lamentamos que los materiales omitidos no se encuentren disponibles

Informamos, en forma separada, sobre los otros materiales solicitados

Por favor considere este documento como su factura y pague el costo de envío como ha sido acordado

La factura de los gastos de transporte se enviará después

Por favor (no) envíe acuse de recibo)

[Otros mensajes pueden ser agregados según se requiera
Sie se necesita un acuse de recibo se puede enviar una copia adicional de este aviso marcando „Recibo – Por favor ENVIELO"]

B5.1.2 Notificación de envío

[Más específica que B2.1.3 y una forma más atenta o una alternativa a B5.1.1]

Tenemos el agrado de informarle que el material de canje que se indica más *adelante / anexo* le ha sido enviado (su cuenta ha sido modificada como se indica)

B5.1.3 Materiales no disponibles

Lamentamos que los siguientes materiales solicitados por usted en su carta del [fecha] no se encuentran disponibles por las razones que se indican más abajo:
[Véase la Sección D]

B5.2 RECLAMACIONES Y COMENTARIOS SOBRE ENVIOS

B5.2.1 Envíos perdidos

En relación a su canje aviso de empaque no. . . . [fecha] le informamos que su envío no ha llegado. Esperamos recibirlo pronto

B5.2.2. Materiales perdidos

En relación a su nota de empaque no. . . . [fecha] hemos visto que faltan los siguientes materiales (listados). Esperamos recibirlos pronto

B5.2.3 Materiales enviados por error

En relación a su envío de canje (nota de remisión no. . . .) han enviado por error los siguientes materiales. Por favor avísenos que hacemos con ellos

B5.2.4 Deficiencia en los envíos regulares

Usted ha previsto enviarnos [título, etc] en canje

No hemos recibido lo siguiente
(de [vol. No. fecha])

Hemos recibido una copia adicional de ...

Hemos recibido / dañado / defectuoso

Por favor, podrían corregir esta deficiencia

B5.2.5 Acuse de recibo

[Puede usarse si la nota de envió no lo exenta de un recibo, si una cantidad no ha sido acordada previamente y / o si pretende tener un gesto de gratitud o cortesia]

Gracias por el material de canje que nos envío. (Estamos muy agradecidos por esas publicaciones que enriquecen nuestra colección)

Hemos acreditado su cuenta de canje con [cantidad]

B5.2.6 Recordatorio

No hemos recibido respuesta a nuestra carta del [fecha] y estamos ansiosos de tener su contestación (tan pronto como sea posible)

B5.3 RESPUESTA A RECLAMACIONES Y COMENTARIOS SOBRE ENVIOS

B5.3.1 Envíos perdidos

B5.3.1.1 Hemos solicitado información a la empresa de transportes sobre el envío [No.] que se ha perdido y enviaremos información tan pronto la tengamos

B5.3.1.2 Nos ha informado la empresa de transportes que el envío perdido [No.] ha sido entregado a usted

B5.3.1.3 Nos ha informado la empresa de transportes que el envío perdido [No.] fué entregado en [lugar] y usted debe preguntar a la compañía de *transportes / naviera* [nombre, etc]

B5.3.1.4 Nos ha informado la *empresa de transportes / Oficina Postal* que no puede rastrear el envío perdido [No.] el que debe darse por perdido. Estamos acreditando su cuenta de acuerdo a esta circunstancia con [cantidad]

B5.3.2 Materiales perdidos

B5.3.2.1 Estamos enviando el material perdido del envío [No.] en un paquete por separado (con excepción de los materiales descritos pues no los tenemos a nuestra disposición). Por favor acepte nuestras disculpas por este error. (Su cuenta ha sido acreditada con [cantidad])

B5.3.2.2 Los materiales perdidos del envío [No.], lamentamos no tenerlos ya a nuestra disposición. Su cuenta ha sido acreditada con [cantidad]

B5.3.3 Errores

B5.3.3.1 Reenvío

Los materiales mencionados en su carta del [fecha] deben de considerarse como sigue (cite en cada caso la referencia dada). Los gastos de envío deben ser cargados a *quien los recibe / nosotros / nuestra cuenta de canje*

Lamentamos los problemas que le hemos causado con este error y agradecemos su aclaración

B5.3.3.2 Confirmación

Los materiales que originan su queja fueron en verdad solicitados por ustedes en la siguiente forma:

B5.3.3.3 Materiales de Canje regresados como préstamo interbibliotecario

Estamos regresando *incluido / por separado*

[material]

que fué enviado por ustedes como préstamo interbibliotecario, que en realidad fue un canje solicitado por ustedes el [fecha]

B5.3.4 Deficiencia en envíos regulares

Hemos hecho (solicitado a la gente que haga los) arreglos para remitir los materiales que substituyan a los que se han perdido

Por favor regrese la copia *defectuosa / extra* a . . .

B5.4 SOLICITUDES ESPECIFICAS

[Véase la Sección E]

B5.5 RESPUESTAS A SOLICITUDES ESPECIFICAS

[Véase la Sección E o D]

B5.6 ENMIENDA A UN CONVENIO DE CANJE EXISTENTE

Solicitamos su aprobación a las modificaciones que detallamos más adelante y que es necesario hacer a nuestro acuerdo de intercambio . . .

B5.6.1 Ofertas

B5.6.1.1 Lamentamos no estar en posibilidad de enviarle [Véase la Sección C] después de . . . por las razones siguientes:

Publicaciones que han sido suspendidas

Ya no lo tenemos disponible para canje. Usted puede obtenerlo de . . .

B5.6.1.2 Sería tan amable de señalarnos otra alternativa [o véase B5.6.4.1 y B5.6.4.4]

B5.6.2 Solicitudes

B5.6.2.1 Desearíamos cancelar nuestra solicitud [Véase la Sección C] después [*fecha vol. No.*] / [*Lista No. material No.*]

[Véase B5.6.4 6]

B5.6.2.2 Nos gustaría recibir en su lugar lo siguiente . . . (empezando con . . .) [Una monografía ordenada previamente usando la Sección E puede ser cancelada si se envía una copia marcada „Por favor cancélese"]

B5.6.3 Bases

B5.6.3.1 Hemos encontrado inadecuado el método para calcular los balances de canje y nos gustaría sugerir que a partir del [fecha] el método usado sea
[Vease B1.4]

B5.6.3.2 Si ustedes aceptan nuestra sugerencia, proponemos también que el balance al día de hoy sea convertido al nuevo método sobre las siguientes bases:

[*No.*]	*página (s)*		[*costo*]	
[*No.*]	*volúmen (es)*	=	[*No.*]	*página (s)*
	título		[*No.*]	*volúmen (es)*
	[*costo*]		*título*	

B5.6.4 Balance

B5.6.4.1 Al revisar nuestro balance, hemos notado que *nuestra / su* biblioteca se ha beneficiado más por una [cantidad] y por lo tanto nos parece que *debemos / deben aumentar / disminuir* el volúmen de *nuestro / su* canje

B5.6.4.2 Nos gustaría saber que otros títulos *ustedes desean (de nuestras listas) / pueden ofrecernos*

B5.6.4.3 Queremos pedir que adicionalmente envíen en canje
[Véase la Sección C]

B5.6.4.4 Por lo tanto nosotros no remplazaremos el anterior título

B5.6.4.5 Para nivelar el balance de *sus / nuestros* envíos éstos deben ser restringidos mediante la cancelación de los siguientes materiales a partir de las fechas que se indican:

B5.6.4.6 Por favor sugiéranos títulos alternativos para cancelación

B5.6.4.7 Debe seleccionar solamente [cantidad] de los títulos que usted ha solicitado

B5.6.4.8 El costo de envío debe ser cubierto por *ustedes / nosotros* tanto en el envío como en la recepción

B5.6.4.9 Estado de Cuenta

De acuerdo a nuestros registros, el balance de canje entre nosotros y que cubre el período [fecha] a [fecha] es el siguiente:

Recibido de ustedes	Enviado de ustedes
[valor]	[valor]

Estado de cuenta en contra

La última operación de canje incluida en este balance es una *remisión / factura* [No. fecha valor] [No. fecha valor]

Informenos si sus registros no concuerdan y envíenos una lista de los números de *remisiones / facturas*, fechas y valores de la columna que no concuerde

B5.6.4.10 Diferencia en el estado de cuenta

El estado de cuenta del canje difiere de nuestros registros, como lo muestra la lista de nuestros *envíos / recibos*:

B5.6.4.11 Aceptación de un estado de cuenta

Gracias por enviarnos el estado de cuenta de canje, el cual aceptamos con agrado

B5.6.5 Costos de envío

Sugerimos que en lugar del presente acuerdo sobre costos de envío, en lo futuro sean cubiertos por ...
[Véase B1.6]

B5.6.6 Frase de despedida

Esperamos que acepte nuestras propuestas

B5.7 CANCELACION DE UN ACUERDO DE CANJE

Debido a ciertos cambios, no requeriremos en lo futuro de los siguientes canjes [Véase la Sección C] y agradeceremos si lo suspende (después [vol. No.])

Al mismo tiempo nosotros suspenderemos
[Véase la Sección C]

Agradecemos la ayuda y cooperación en el acuerdo de canje y si las circunstancias cambian nos comunicaremos con ustedes de nuevo

C TIPOS DE MATERIALES DE CANJE E INFORMACION

[En donde hay dos términos que se escriben así $\frac{\text{este}}{\text{sus}}$ la palabra de arriba se usará para ofrecer y la de abajo para solicitar]

1 [Títulos específicos de monografías]

2 [Títulos específicos de publicaciones periódicas] (iniciando con [vol. No. año] números siguientes)

3 Monografías
Series
Publicaciones periódicas
Publicaciones oficiales
Tésis
Informes
Mapas
Música

publicados/por $\frac{\text{este}}{\text{su}}$ institución/ (sobre [material])

4 Las publicaciones de las siguientes organizaciones:

5 Libros [o un material listado en el número 3] y publicado en $\frac{\text{este}}{\text{su}}$ país y todavía disponible (sobre [material])

6 Libros [o un material listado en el número 3] y publicado en $\frac{\text{este}}{\text{su}}$ país en [*1977*] (e incluido en la bibliografía nacional (sobre [material])

7 Publicaciones periódicas actualmente publicadas en $\frac{\text{este}}{\text{su}}$ país (sobre [material])

8 Duplicados de $\frac{\text{nuestra}}{\text{su}}$ colección (sobre [material])

9 $\frac{\text{Ofertas}}{\text{Solicitudes}}$ de acuerdo a la *lista/tarjetas/papeletas* (marcadas [símbolo o color])

10 Información sobre las publicaciones que puede ofrecer

11 *Listas/bibliografías* de [un tipo de los arriba mencionados]

12 Prospectos (e información adelantada) de [un tipo de los arriba mencionados]

D CONTESTACIONES CORTAS A PETICIONES ESPECIFICAS

1 Anexo

2 Envíe en paquete por separado (por correo registrado)

3 Aún no publicado: se enviará posteriormente (probablemente . . .)

4 Aún no publicado: envíe otra solicitud posteriormente

5 Aún no publicado: no se sabe la fecha de publicación

6 Aún no publicado: ha sido incluido en la lista de espera (pero el número de ejemplares puede no ser suficiente para todos)

7 Aún no publicado: el editor no ha envíado las copias para canje, se las solicitaremos

8 No se tiene la seguridad de seguir publicando este trabajo. *Por favor vuelva a solicitarlo / Informaremos a usted posteriormente*

9 Puede enviar *microfilm/microficha/fotocopia* (en lugar de)

10 Lo hemos incluido en la lista de envíos para que reciba los materiales solicitados

11 Su solicitud ha sido dirigida a . . . (*quien se lo enviará directamente / Por favor avísenos oportunamente si desea que hagamos algo*)

12 Sólo para uso *oficial/interno*

13 No se encuentra disponible para canje. (Puede ser pedido a . . .)

14 Proporcionada previamente; ¿ se requiere otra copia?

15 No ha sido publicado *en nuestro país/por nuestra institución*

16 Agotado

17 Descontinuado después [vol. No. año]

18 No se puede identificar; por favor envíe más datos bibliográficos

19 El valor de los materiales solicitados exceden nuestros recursos actuales de canje. Por favor seleccione materiales por valor de . . .

E FORMAS MULTIPLES PARA UNA SOLA PETICION

[Lado 1]

A – Por favor regrese ésta con su respuesta en el reverso

SOLICITUD DE CANJE fecha
De:
A:
Autor/compilador, título, lugar, editor, fecha, serie, volúmen, partes
Comentarios (bibliografías consultadas, etc) ISBN/ ISSN

[Lado 2]

1 Anexo

2 Envíe en paquete por separado (por correo registrado)

3 Aún no publicado: se enviará posteriormente (probablemente . . .)

4 Aún no publicado: solicítelo de nuevo

5 Puede enviar *microfilm/microficha/fotocopia* (en lugar de)

6 No disponible para canje. Puede ser pedido a . . .

7 Enviada con anterioridad; i se necesita una copia adicional?

8 No publicada en *nuestro país/por nuestra institución*

9 Agotado

10 Descontinuado / después [vol. No. año]

11 No se puede identificar; envíe mayor información bibliográfica

[La lista anterior puede ser substituida por D si el documento es muy grande]

[No obstante que cualquier mensaje de los anteriores puede incluirse en una carta, la forma múltiple debe ser usada como un juego de 3 copias con papel carbón o con papel especial que no requiere papel carbón:

1a. forma A [como se indica anteriormente]

2a. forma B – Por favor manténgalo como lo registró [es decir copia del receptor]

3a. forma C – [Remitente] Copia de archivo

Copias A + B deben enviarse juntas]

International Federation of Library Associations and Institutions

IFLA Annuals

Proceedings of the General Council Meetings. Annual Reports

IFLA Annual 1977 (43rd Meeting, Brussels: Libraries for All: one World of Information, Culture and Learning). 1978. 276 pages. ISBN 3-7940-4303-0. DM 58.00

IFLA Annual 1976 (42nd Meeting, Lausanne). 1977. 266 pages. ISBN 3-7940-4302-2. DM 58.00

IFLA Annual 1975 (41st Meeting, Oslo: The Future of International Library Cooperation). Ed. by W.R.H. Koops, P. Havard-Williams, W.E.S. Coops. 1976. 232 pages. ISBN 3-7940-4301-4. DM 58.00

IFLA Annual 1974 (40th Meeting, Washington: National and International Library Planning). Ed. by W.R.H. Koops, P. Havard-Williams, W.E.S. Coops. 1975. 314 pages. ISBN 3-7940-4300-6. DM 58.00

IFLA Annual 1973 (39th Meeting, Grenoble: Universal Bibliographic Control). Ed. by W.R.H. Koops, P. Havard-Williams, W.E.S. Coops. 1974. 256 pages. ISBN 3-7940-4299-9. DM 48.00

IFLA Annual 1972 (38th Meeting, Budapest: Reading in a Changing World). Ed. by W.R.H. Koops, P. Havard-Williams, W.E.S. Coops. 1973. 252 pages. ISBN 3-7940-4298-0. DM 48.00

IFLA Annual 1971 (37th Meeting, Liverpool: Organisation of the Library Profession). Ed. by P. Havard-Williams, W.R.H. Koops, H.J. Heaney. 1972. 239 pages. ISBN 3-7940-4297-2. DM 48.00

IFLA Annual 1970 (36th Meeting, Moscow: Libraries as a Force in Education). Ed. by Anthony Thompson. 1971. 336 pages. ISBN 3-7940-4296-4. DM 48.00

IFLA Annual 1969 (35th Meeting, Copenhagen: Library Education and Research in Librarianship). Ed. by Anthony Thompson and S. Randall. 1970. 289 pages. ISBN 3-7940-4295-6. DM 48.00

IFLA Directory 1978

1978. 201 pages. ISBN 3-7940-4415-0. DM 28.00
The Directory gives addresses with telephone and telex numbers of all IFLA offices, bodies, members, etc. It also contains statutes, conditions for membership and a list of publications.

Universal Bibliographic Control

A Long Term Policy – A Plan for Action
By Dorothy Anderson. 1974. 87 pages. ISBN 3-7940-4420-7. DM 16.80, IFLA members DM 12.80
This study was originally prepared as a working document to be presented by IFLA to the Unesco Intergovernmental Conference on the Planning of National Overall Documentation, Library and Archives Infrastructures.

The International Exchange of Publications

Proceedings of the European Conference held in Vienna, April 24–29, 1972
Edited by Maria Schiltman. 1973. 135 pages. ISBN 3-7940-4311-1. DM 28.00, IFLA members DM 21.00

Verlag Dokumentation SAUR KG München – New York – London – Paris
Postfach 71 10 09 – 8000 München 71 – Tel. (089) 79 89 01 – Telex 5212067 saur d

International Federation of Library Associations and Institutions
Serial IFLA Publications
Edited by Willem R. H. Koops and Peter Havard-Williams

1 **Special Libraries – Worldwide.** A collection of papers prepared for the Section of Special Libraries. Ed. by Günter Reichardt. 1974. 360 p. DM 68.00, IFLA members DM 51.00. ISBN 3-7940-4421-5

2 **National Library Buildings.** Proceedings of a colloquium held in Rome, 3–6 September 1973. Ed. by Anthony Thompson. 1975. 144 p. DM 28.00, IFLA members DM 21.00. ISBN 3-7940-4422-3

3 **Le contrôle bibliographique universel dans les pays en développement.** Table ronde sur le contrôle bibliographique universel dans les pays en développement, Grenoble, 22–25 août 1973. Ed. par Marie-Louise Bossuat, Geneviève Feuillebois, Monique Pelletier. 1975. 165 p. DM 38.00, IFLA members DM 29.00. ISBN 3-7940-4423-1

4 **National and International Library Planning.** Key papers presented at the 40th Session of the IFLA General Council, Washington, DC, 1974. Ed. by Robert Vosper and Leone I. Newkirk. 1976. 162 p. DM 36.00, IFLA members DM 27.00. ISBN 3-7940-4424-X

5 **Reading in a Changing World.** Papers presented at the 38th Session of the IFLA General Council, Budapest, 1972. Ed. by Foster E. Mohrhardt. 1976. 134 p. DM 28.00, IFLA members DM 21.00. ISBN 3-7940-4425-8

6 **The Organization of the Library Profession.** A Symposium based on contributions to the 37th Session of the IFLA General Council, Liverpool 1971. Ed. by A. H. Chaplin. 1976. 2nd edition. 132 p. DM 28.00, IFLA members DM 21.00. ISBN 3-7940-4300-X

7 **World Directory of Administrative Libraries.** A guide of libraries serving national, state, provincial, and Länder-bodies, prepared for the Sub-Section of Administrative Libraries. Ed. by Otto Simmler. 1976. 474 p. DM 60.00, IFLA members DM 45.00. ISBN 3-7940-4427-4

8 **World Directory of Map Collections.** Compiled by the Geography and Map Libraries Sub-Section. Ed. by Walter W. Ristow. 1976. 326 p. DM 48.00, IFLA members DM 36.00. ISBN 3-7940-4428-2

9 **Standards for Public Libraries.** 1977. 2nd corrected edition. 53 p. DM 12.80, IFLA members DM 9.80. ISBN 3-7940-4429-0

10 **IFLA's First Fifty Years.** Achievement and challenge in international librarianship. Ed. by Willem R.H. Koops and Joachim Wieder. 1977. 158 p. DM 36.00, IFLA members DM 27.00. ISBN 3-7940-4430-4

11 **The International Federation of Library Associations and Institutions. A Selected List of References.** 2nd edition, revised and expanded. Comp. by Edward P. Cambio. 1977. VI, 52 p. DM 16.80, IFLA members DM 12.80. ISBN 3-7940-4431-2

12 **Library Service to Children: An International Survey.** Edited for the Section of Children's Libraries by Colin Ray. 1978. 158 p. DM 36.00. IFLA members DM 27.00. ISBN 3-7940-4432-0

13 Allardyce, Alex: **Letters for the International Exchange of Publications.** A Guide to their Composition in English, French, German, Russian and Spanish. Ed. by Peter Genzel. 1978. 148 p. DM 32.00, IFLA members DM 24.00. ISBN 3-7940-4433-9

14 **Resource Sharing of Libraries in Developing Countries.** Proceedings of the 1977 IFLA/Unesco Pre-Session Seminar for Libraries from Developing Countries, Antwerpen, 1977. 1978. ISBN 3-7940-4434-7. In preparation.

15 **Libraries meet with their Users.** Papers presented at the IFLA 50th Anniversary World Congress, Brussels, 1977. 1978. ISBN 3-7940-4435-5. In preparation.

16 **Use of Machine Readable Data from External Sources in Large Research Libraries and Library Systems.** Papers presented at the IFLA/Unesco Pre-Session Seminar, Antwerpen. 1978. ISBN 3-7940-4436-3. In preparation.

Verlag Dokumentation SAUR KG München – New York – London – Paris
Postfach 71 10 09 – 8000 München 71 – Tel. (089) 79 89 01 – Telex 5212067 saur d

Bei Fragen zur Produktsicherheit wenden Sie sich bitte an:
If you have any questions regarding product safety,
please contact:

Walter de Gruyter GmbH
Genthiner Straße 13
10785 Berlin
productsafety@degruyterbrill.com